コンパクト MRI

巨瀬勝美 編著

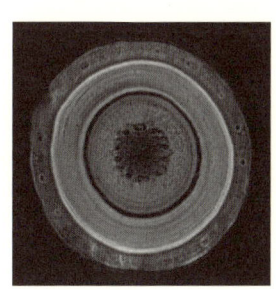
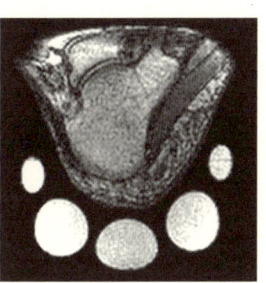

共立出版

執筆者一覧（所属は執筆時のもの）

巨瀬勝美	筑波大学物理工学系	第1, 2, 3, 5, 6章
青木雅昭	㈱NEOMAX	第2章
半田晋也	筑波大学物理工学系	第2章
松田善正	筑波大学物理工学系	第3章
小川邦康	慶応義塾大学理工学部	第4章
白猪　亨	筑波大学物理工学系	第5章
拝師智之	㈱エム・アール・テクノロジー	第5, 8章
冨羽貞範	筑波大学物理工学系	第6章
宇津澤慎	筑波大学物理工学系・㈱エム・アール・テクノロジー	第7章

JCLS ＜㈱日本著作出版権管理システム委託出版物＞
本書の無断複写は著作権法上での例外を除き禁じられています．複写される場合は，そのつど事前に㈱日本著作出版権管理システム（電話03-3817-5670, FAX 03-3815-8199）の許諾を得てください．

はじめに

　NMR イメージング (MRI) 装置は，医学診断装置として医療機関に広く普及しているが，あらゆる科学技術と産業分野においても活用が切望されてきた．ところが，装置が高価であること，広い設置スペースを必要とすること，移動が不可能であること，システムの柔軟性に欠けることなどの理由から，これらの分野における利用は，ごく限られたものとなっていた．

　これに対し，近年のエレクトロニクス技術・コンピュータ技術の成果を活用して MRI 計測システムを小型化し，さまざまなタイプの永久磁石磁気回路と組み合わせることにより，多様な用途に対応した MRI が構築できるようになってきた．これらの MRI は，従来の臨床用 MRI に対して，「コンパクト MRI」と総称されており，今後，さまざまな分野における発展が期待されている．

　本書では，まず，コンパクト MRI に共通する技術を詳説し，それに引き続き，いくつかの典型的な応用事例を解説することにより，コンパクト MRI の現状を紹介している．また，これにより，MRI のさまざまな分野への発展の手がかりを与えることをめざしている．

　本書の構成は，以下のようになっている．

　まず第 1 章では，コンパクト MRI の構成と，開発の歴史的な背景を紹介している．第 2 章では，コンパクト MRI のハードウェアの総論的説明と，各ユニットの説明を行っている．第 3 章では，特殊なハードウェアではあるが，コンパクト MRI の一つの進化した形である超並列型 MRI を紹介している．

　第 4 章は，本書では唯一の非生体系への応用である，プロセス計測用 MRI による研究事例を 2 件紹介している．

　第 5 章以下は生体系への応用である．まず第 5 章では，実験動物用 MRI として，もっとも多数の研究者から渇望されているマウス・ラット用 MRI を，多数の撮像例と共に紹介している．第 6 章では，狭い設置スペースで人体の撮像が可能な，特定部位向けの MRI の一例を紹介している．第 7 章は，植物用

はじめに

MRIと題し，代表的なMRIの構築例と研究例を紹介している．第8章は，食品用MRIと題して，その多岐にわたる取り組みの現状を紹介している．

さて，本書をまとめるにあたっては，9名の共著者が緊密に共同研究を行った以外にも，以下のように多数の方々にお世話になった．

まず，第1章のコンパクトMRIの開発過程では，阿武泉博士，吉岡大博士に大変お世話になった．第2章2節の永久磁石磁気回路に関しては，住友特殊金属（株）（現（株）NEOMAX）の多数の方々にお世話になった．第4章の前半の内容は，川副嘉郎氏，森康彦博士，泰岡顕治博士との共同研究の成果であり，佐藤孝一氏，伊藤真義氏にお世話になった．また第4章後半部の内容においては，円山重直博士，相原今朝雄氏にお世話になった．第5章においては，矢口雅江博士のご指導をいただいた．第7章においては，福田健二博士，坂上大翼氏，内海泰弘博士に色々とご指導をいただいた．第8章においては，石田信昭博士，内藤成弘博士，狩野広美博士，小泉美香博士，岡田重益氏，中井敏晴博士，丸谷光廣氏に大変お世話になった．

なお，本書は，前著「NMRイメージング」の続編とも位置づけられるものであるので，基礎的な内容に関心のある読者は，そちらを参考にしながら読まれるとよろしいのではないかと思われる．

さて，本研究のかなりの部分が，筑波大学物理工学系磁気共鳴イメージング実験室で行われた研究成果に基づくものであり，最後に，これらの研究にさまざまな形で貢献していただいた，安立直剛，植松孝明，秋田裕介，橋本征太郎，栗本岳明，山崎由香子および他の学生諸君に感謝したい．

2004年11月　編著者

目　　次

はじめに . . . . *iii*

第1章　はじめに　*1*
1.1　コンパクトMRIとは 1
1.2　コンパクトMRIの構成 2
1.3　コンパクトMRIの開発の背景 4
1.4　本書の構成 7

第2章　ハードウェア(I)：総論　*11*
2.1　システムの構成と動作 11
2.2　永久磁石磁気回路 13
　　2.2.1　永久磁石材料 13
　　2.2.2　磁気回路の構成方法 14
　　2.2.3　静磁場均一化の手法 16
　　2.2.4　コンパクトMRIの設置環境 17
　　2.2.5　製作例 19
2.3　勾配磁場コイル 20
　　2.3.1　平面電流の発生する磁場 21
　　2.3.2　ターゲットフィールド法による電流分布の決定法 . . . 25
　　2.3.3　ターゲットフィールド法による勾配コイルの設計例 . . . 27
　　2.3.4　ターゲットフィールド法による勾配コイルの製作例 . . . 31
2.4　RFコイル 31
2.5　MRIコンソール 32
　　2.5.1　全体の構成 32

v

目次

  2.5.2 ディジタル制御ユニット 33
  2.5.3 MRIトランシーバー 37
  2.5.4 勾配磁場電源 38
  2.5.5 高周波送信機 38

第3章 ハードウェア(Ⅱ)：超並列型MRI　*41*

 3.1 大量の試料の同時撮像 41
 3.2 超並列型MRIの特徴：並列型との比較 42
  3.2.1 勾配コイルのドライブ電力の比較 43
  3.2.2 位相エンコード法の比較 45
 3.3 超並列型MRI用勾配コイル 47
  3.3.1 横磁場型超並列MRI用勾配コイル 47
  3.3.2 縦磁場型超並列MRI用勾配コイル 51
 3.4 マルチチャンネルトランシーバー 54
 3.5 撮像結果 56
  3.5.1 横磁場型超並列MRIによる撮像結果 56
  3.5.2 縦磁場型超並列MRIによる撮像結果 58

第4章 プロセス計測用MRI　*61*

 4.1 はじめに 61
 4.2 永久磁石を利用したMRI計測システムの利点と欠点 63
 4.3 クラスレート水和物内のガス貯蔵密度分布計測への適用 64
  4.3.1 MRI計測が可能なクラスレート水和物生成装置 65
  4.3.2 ガス貯蔵密度の定義式 73
  4.3.3 ガス貯蔵密度とT_1，T_2緩和時定数の関係 74
  4.3.4 MR画像をもとにしたガス貯蔵密度の算出法 80
  4.3.5 ガス貯蔵密度分布の形成過程 84
 4.4 航空機搭載用コンパクトMRI計測システム 87
  4.4.1 航空機による微小重力実験の概要 87
  4.4.2 MRI装置を搭載する際の制限事項 89

4.4.3　航空機搭載用コンパクト MRI の構成 . . . .　93
　　　4.4.4　Pulsed-Gradient Spin-Echo 法による自己拡散係数の測定　96

第 5 章　マウス・ラット用 MRI　　　　　　　　　　　　　　　　　　103
　5.1　はじめに 103
　5.2　システムの構成 105
　5.3　システムの評価 107
　　　5.3.1　永久磁石磁気回路 107
　　　5.3.2　勾配磁場コイル 110
　　　5.3.3　RF コイル 111
　5.4　撮像方法 112
　　　5.4.1　動物の固定法 112
　　　5.4.2　撮像パルスシーケンス 113
　5.5　マウスの撮像例 114
　　　5.5.1　化学固定したマウス 114
　　　5.5.2　正常ライブマウス 117
　　　5.5.3　Mn^{2+} イオンによる造影 123
　5.6　ラットの撮像例 126

第 6 章　骨密度計測用 MRI　　　　　　　　　　　　　　　　　　　　129
　6.1　はじめに 129
　　　6.1.1　骨粗鬆症と従来の骨量計測法 129
　　　6.1.2　MRI による骨量計測法 130
　6.2　骨密度計測用コンパクト MRI の構成 132
　6.3　踵骨の解剖学的構造 133
　6.4　骨密度計測の方法 138
　　　6.4.1　海綿骨密度計測の原理 138
　　　6.4.2　画像上の ROI の設定法 141
　6.5　計測結果 143
　　　6.5.1　ファントム計測 143

目　次

  6.5.2　女性ボランティア計測 144
 6.6　骨密度計測の精度 147

第7章　植物用MRI　　*153*

 7.1　はじめに 153
  7.1.1　植物の構成と従来の計測法 153
  7.1.2　MRIによる植物の計測 154
 7.2　植物用MRIの構成 157
  7.2.1　システム構成 157
  7.2.2　要求される性能 158
 7.3　樹木の病害診断への応用事例 159
  7.3.1　樹木の病害 159
  7.3.2　マツ材線虫病 160
  7.3.3　要求される性能 161
  7.3.4　実験方法 162
  7.3.5　結果 163
  7.3.6　考察 166

第8章　食品用NMR/MRI　　*173*

 8.1　はじめに 173
 8.2　NMR/MRIによる食品の観察 174
  8.2.1　これまでのMRI食品研究例 175
  8.2.2　MRIによる食品の三次元計測：形態の可視化 175
  8.2.3　水油分含有量とMRIの装置選択 176
  8.2.4　サケ雌雄判別用MRI：化学物質の可視化 177
  8.2.5　キュウリのMRI画像：生物活性の可視化 178
 8.3　食品用のNMR/MRIの開発：求められる仕様 180
 8.4　食品用NMR/MRIプロトタイプ開発 181
  8.4.1　フィージビリティスタディ（FS）による基本装置の選定 . . 181
  8.4.2　簡単に使えるNMR/MRI装置とは 182

8.4.3　導入コストを回収できる NMR/MRI 182
　　　8.4.4　永久磁石磁気回路を用いた食品用 NMR/MRI 183
　　　8.4.5　食品用コンパクト NMR/MRI プロトタイプ 183
　　　8.4.6　永久磁石磁気回路のための高次シムコイル開発 184
　8.5　従来の NMR/MRI 装置で撮像された画像との比較 185
　　　8.5.1　コンパクト NMR/MRI で撮像されたチェリートマト . . . 185
　　　8.5.2　静磁場によるチェリートマトのコントラスト変化 185
　　　8.5.3　コンパクト NMR/MRI で撮像された肉類 187
　8.6　永久磁石磁気回路による食品用 NMR/MRI への挑戦 188
　8.7　まとめ 190

索　引 *194*

第1章　はじめに

1.1 コンパクトMRIとは

　MRI (magnetic resonance imaging: 磁気共鳴イメージング法もしくはその装置) は，1980年代より臨床応用が始められ，現在では，国内だけでも数千台以上が病院などで日常的に使用されている．いっぽう，MRIの臨床診断以外への応用も，今や，非常に広範な分野で試みられている．これらの応用は，しばしば，non-medical applicationと呼ばれ，また，このような目的に使用される装置は，non-medical MRIもしくはnon-clinical MRIと呼ばれている．

　このように，MRIの臨床診断以外への応用は，non-medicalという副次的ないし否定的な言葉で表現されてきたが，これは，これらの広範な応用分野を包括するMRIに対して，適当な名称がなかったためであろう．一方，このようなMRI計測は，しばしば**MRマイクロスコピー** (MR microscopy) という言葉で表現され，この名称の国際会議も定期的に開かれている．しかしながら，この言葉も，この分野を正しく表現するものではない．

　さて，non-medical MRIにおいては，これまで，水平開口の超伝導磁石（静磁場強度：2.0～11.7T）を利用した小動物用MRIや，鉛直開口の超伝導磁石（静磁場強度：4.7～17.6T）を有するNMRスペクトロメーターに勾配磁場ユニットを付加した装置（標準的MRマイクロスコープ）が広く使用されてきた．ところが，MRIの応用分野が拡大するにつれて，これらの装置だけでは対

応できなくなっている．すなわち，それぞれの応用分野においては，適用すべき対象に最適な MRI のシステム設計が必要とされるが，上記の標準的な装置は，システムとしての柔軟性に欠け，新しい応用への対応が困難となっている．

このような状況に対し，MRI の計測エレクトロニクス系を小型化して，ポータブル化し，さまざまな形状の永久磁石磁気回路と組み合わせることにより，さまざまな撮像対象に対する MRI を迅速に構築する手法が提案され，その後，この手法に基づいて，種々の MRI が構築されている．このような MRI は，現在，**コンパクト MRI** (compact MRI) と総称され，non-medical MRI の多くの要求を満たすコンセプトとして，大きく注目されている [1]．

本書では，コンパクト MRI に共通するハードウェアを解説し，さらに，いくつかの代表的な応用事例を解説することによって，non-medical MRI の可能性を示したい．

1.2　コンパクト MRI の構成

MRI は，図 1.1 に示すように，撮像対象（サンプル）に静磁場，勾配磁場，高周波磁場を与える**磁気的サブシステム** (magnetic subsystem) と，磁気的サブシステムを制御し，RF コイルで検出された NMR 信号を増幅・処理し，画像再構成などを行う**電気的サブシステム** (electric subsystem) から構成される．さらに，電気的サブシステムは，磁気的サブシステムに電力を供給する**電力ユ**

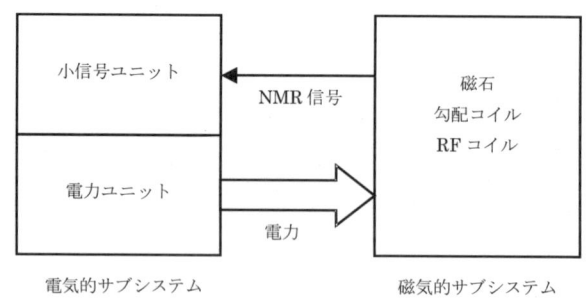

図 1.1　MRI のシステム構成

ニットと,それらを制御し,NMR 信号を増幅・検波し,画像化処理などを行う,**小信号ユニット**から構成される.

磁気的サブシステムと,それに電力を供給する電力ユニットは,サンプルのサイズや性質によって仕様が大きく異なるが,小信号ユニットは,あらゆるタイプの MRI に共通である.ただし,磁気的サブシステムと電力ユニットも,本質的には共通の機能を有しており,サンプルのサイズに従って,そのスケールが変化するだけである.

以上の考えに従えば,あまり大きくないサンプルに対しては,電力ユニット(勾配磁場電源と高周波パワーアンプ)を小型化できるため,電気的サブシステム全体を,一体化・ポータブル化することができる.このような考えに基づいて開発したシステムが,図 1.2 に示す,ポータブル MRI システムである.このように,一体化された電気的サブシステムは,計算機のキーボード,マウス,ディスプレイを備え,操作機能も有するため,**ポータブル MRI コンソール** (portable MRI console),ないし**コンパクト MRI コンソール** (compact MRI console) と呼ばれる [1,2].

図 1.2 に示すシステムでは,左のユニットが電気的サブシステム,右のユ

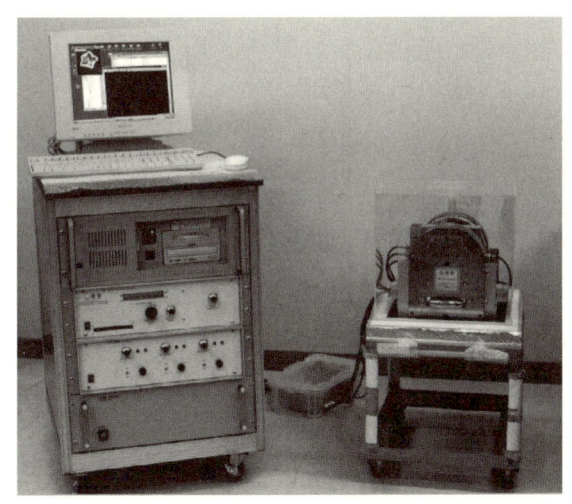

図 1.2　コンパクト MRI コンソールと永久磁石を用いたポータブル MRI

3

ニットが磁気的サブシステムである．このように，このシステムは，概念的にも実質的にも，図 1.1 とよく対応している．なお，磁気サブシステムの磁石には，静磁場強度が 0.3T，ギャップが 8cm，静磁場均一領域が 3cm 球，重量が約 60kg の永久磁石磁気回路を使用しており，これにより，全システムが移動可能となっている．

図 1.2 が，本書で解説するコンパクト MRI のプロトタイプというべきものである．このように，この写真を見れば，すぐに，このシステムの広範な可能性を想像できるかも知れないが，実は，この装置は別のシステムの開発の結果として得られたものである．そのシステムは，コンパクト MRI の技術的な背景を知る上でも，非常に重要であるので，その開発の経緯を以下に簡単に説明しよう．

1.3　コンパクト MRI の開発の背景

MR マイクロスコピーにおいては，均一で安定した強い静磁場が必要とされ，このために，鉛直な開口をもつ超伝導磁石が使われていることは 1.1 節で述べた．ところが，このような超伝導磁石は非常に高価であり，しかも，液体ヘリウムや液体窒素の定期的充填を必要とするため，これらが，MR マイクロスコープ普及の大きな障害となっていた．いっぽう，1.5T の静磁場強度を有する臨床用 MRI は，大学病院ばかりでなく，広く大規模病院にも普及しているが，昼間の臨床検査以外には通常使われていない．よって，このような静磁場空間を活用（借用）することにより，MR マイクロスコープが実現できるのではないかというアイデアで開発したのが，図 1.3〜1.5 に示す **MRMICS (Magnetic Resonance Microscopy with an Independent Console System)** である [3-7]．

図 1.3 に示すのは，そのアイデアを実証するために，筆者の実験室の MRI 装置を大学病院の MRI の撮像室内に持ち込んで，撮像実験を実施している様子である．このように，最初の実験はバラックで行ったが，システムの安定性を確保し，実験室から撮像室への運搬（3km 程度の距離の移動）を容易にするため，図 1.4 に示すような，一体型のシステムへと改良させていった．ただし，これは，まだ過渡的なシステムであり，図 1.5 に示すシステムに至って，よう

1.3 コンパクト MRI の開発の背景

図 1.3　MRMICS の第一号機の操作状況

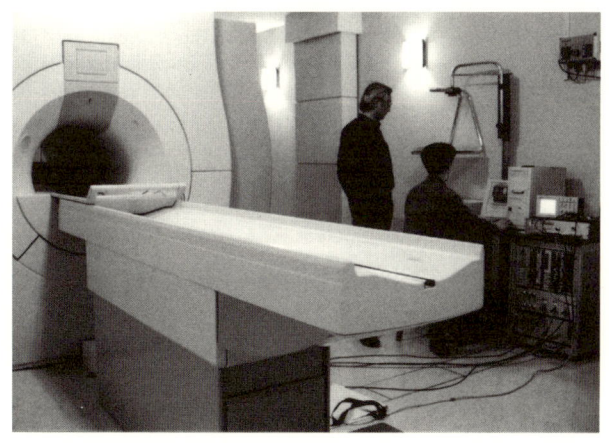

図 1.4　MRMICS の第二号機

やく目的とするものが完成した．この図からわかるように，電気的サブシステムは，完全に一体化されてポータブルとなっており，磁気的サブシステムは，勾配磁場プローブと，臨床用 MRI の静磁場から構成されている．これらのシステムで撮像された画像を図 1.6 に示す．

第 1 章 はじめに

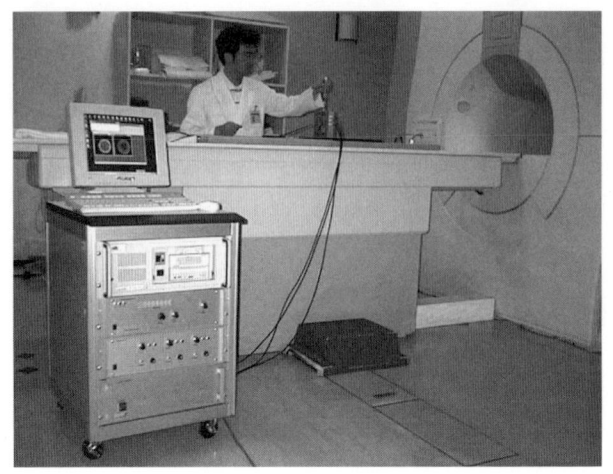

図 1.5　MRMICS の第三号機

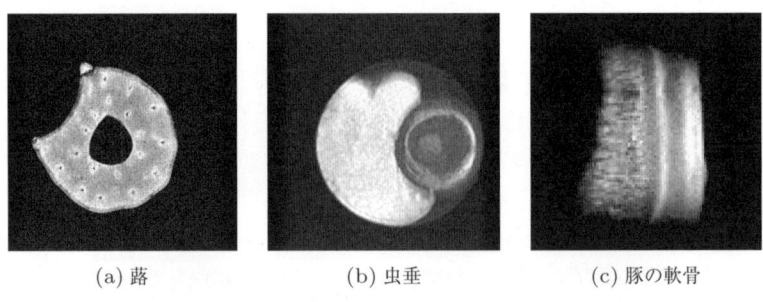

(a) 蕗　　　　　　　(b) 虫垂　　　　　　(c) 豚の軟骨

図 1.6　MRMICS で撮像された画像の例

　以上のようにして，MRMICS は完成し，MR マイクロスコピーの普及につながるものと期待されたが，その後，普及にはいくつかのハードルがあることが判明した．すなわち，MR マイクロスコピーを使いたいユーザーと，高磁場 (1.5T) の臨床用 MRI を管理する部局（放射線科）の間の壁が高く，しかも，MRI を管理する部局の中で使用する場合でも，臨床医はますます多忙になっており，このような装置を使って研究を行う環境は整っていないことがわかった．
　そこで，少なくとも，前者のユーザーへの対応を考え，永久磁石を用いた MR

図 1.7 1.0T の永久磁石磁気回路を使用した MR マイクロスコープ

マイクロスコープを構築することにした．図 1.7 に示すのは，このような目的で構築した，静磁場強度 1.0T の永久磁石（静磁場均一領域：20mm 球）を用いた MR マイクロスコープである [8]．

以上のような経緯をたどり，ポータブル MRI コンソールと，永久磁石磁気回路を組み合わせた MR マイクロスコープが誕生し，この手法を一般化することにより，コンパクト MRI の考えが生まれることになった [9]．

1.4 本書の構成

本書では，第 1 章と第 2 章が，後の章への一般的な導入となっている．第 3 章では，ハードウェアの中でもやや特殊であり，現時点ではコンパクト MRI への応用は少ないが，今後，応用が期待されるであろう超並列型 MRI の解説を行う．超並列型 MRI は，MR.MICS から直接的に発展したもので，個々の MRI ユニットを，さらに小型化することを要求するものであり，コンパクト MRI の将来を占うものでもある．

表 1.1 第 4 章以降で紹介されるコンパクト MRI

章	MRI の名称	関連する学問・技術分野
4	プロセス計測用 MRI	機械工学，化学工学，流体工学，土木工学
5	マウス・ラット用 MRI	基礎医学，生物学，薬学
6	骨密度計測用 MRI	臨床医学，スポーツ医学，基礎医学，薬学
7	植物用 MRI	植物学，農林学，農芸化学
8	食品用 MRI	食品科学，食品工学，農芸化学

第 4 章以降は，表 1.1 に示すように，それぞれの分野・用途に特化したコンパクト MRI を章ごとに記述している．この中で，第 4 章のプロセス計測用 MRI は非生体系への応用であるが，第 5〜7 章は生体系を対象とした MRI である．そして第 8 章は，生体系そのものであったり，生体系を材料として加工を行った人工物を含む複雑な系を対象とする MRI である．第 4 章以降は，第 1 章と第 2 章を読んだ後に各章独立して読むことができるが，応用に主な関心のある人は，各章を読んだ後に第 2 章を読んでもいいように書かれている．

引用文献

[1] 巨瀬勝美, 拝師智之, 松田善正. コンパクト MRI. ぶんせき 2002; No.7: 366-371.

[2] 巨瀬勝美, 拝師智之, 安立直剛. 超小型ポータブル MRI の開発. 固体物理 1999; 34 巻 3 号:208-212.

[3] Kose K, Haishi T, Adachi N, Anno I. A Novel Approach to the MR microscope: MR Microscope with an Independent Console System (MRMICS) Using a Clinical Whole Body Magnet. 6th Annual Meeting of the ISMRM, Sydney, 1998.

[4] Kose K, Haishi T, Adachi N, Yoshioka H, Anno I. A Novel Approach to the MR Microscope: MR Microscope Using a Portable MRI and a Clinical Whole Body Magnet. 13th International Symposium on Magnetic Resonance, Berlin, 1998.

[5] Kose K, Haishi T, Adachi N, Uematsu T, Yoshioka H, Anno I. Development of an MR Microscope Using a Portable MRI Unit and a

Clinical Whole Body Magnet. 7th Annual Meeting of the ISMRM, Philadelphia, 1999.

[6] Yoshioka H, Kose K, Haishi T, Adachi N, Anno I, Itai Y. 2D and 3D Microscopic Imaging for Biological Tissues in vitro Using an MR Microscope with an Independent Console System (MRMICS). 7th Annual Meeting of the ISMRM, Philadelphia, 1999.

[7] 吉岡大, 阿武泉, 板井悠二, 拝師智之, 安立直剛, 巨瀬勝美. MRMICS(MR Microscope using an Independent Console System)の摘出生体組織への応用. 日本医学放射線学会雑誌 1999; 第 59 巻:82-84.

[8] Haishi T, Uematsu T, Matsuda Y, Kose K. Development of a 1.0 T MR Microscope Using a Nd-Fe-B Permanent Magnet. Magn Reson Imag 2001; 19:875-880.

[9] Kose K. Portable MRI Systems, 5th International Conference on Magnetic Resonance Microscopy, Heidelberg, 1999.

第2章　ハードウェア(Ⅰ)：総論

2.1　システムの構成と動作

　図2.1に，代表的なコンパクトMRIのブロックダイアグラムを示す．上の破線で囲った部分が，電気的サブシステムであり，その下の磁石を中心とした部分が，磁気的サブシステムである．第1章で述べたように，撮像対象が大きくない場合には，電気的サブシステムはコンパクトMRIコンソールとして一体化される．

　以下に，このシステムを用いた撮像方法を，この図に従って説明しよう．

　まず，測定試料を，磁石の中におかれたRFコイルの中に入れ，PC（パーソナルコンピュータ）の撮像プログラムを起動する．撮像プログラムでは，PCに入力された撮像パラメタに従って，撮像パルスシーケンスを起動するとともに，データ収集プログラムを起動する．このように，撮像においては，通常，2つのプログラムが動作する．

　パルスシーケンスは，パルサーから，正確なタイミング信号として出力され，RFパルスの波形，勾配磁場電流の波形などが，高周波変調器と勾配磁場電源へと供給される．高周波変調器では，ラーモア周波数の参照信号とパルス波形が混合され，RFパルスが出力される．勾配磁場電源は，信号波形に比例した定電流パルスを勾配コイルへ供給する．RFパルスは高周波送信機へと入力され，RFコイルに高周波磁場を発生するための電力増幅が行われる．

第2章 ハードウェア(I)：総論

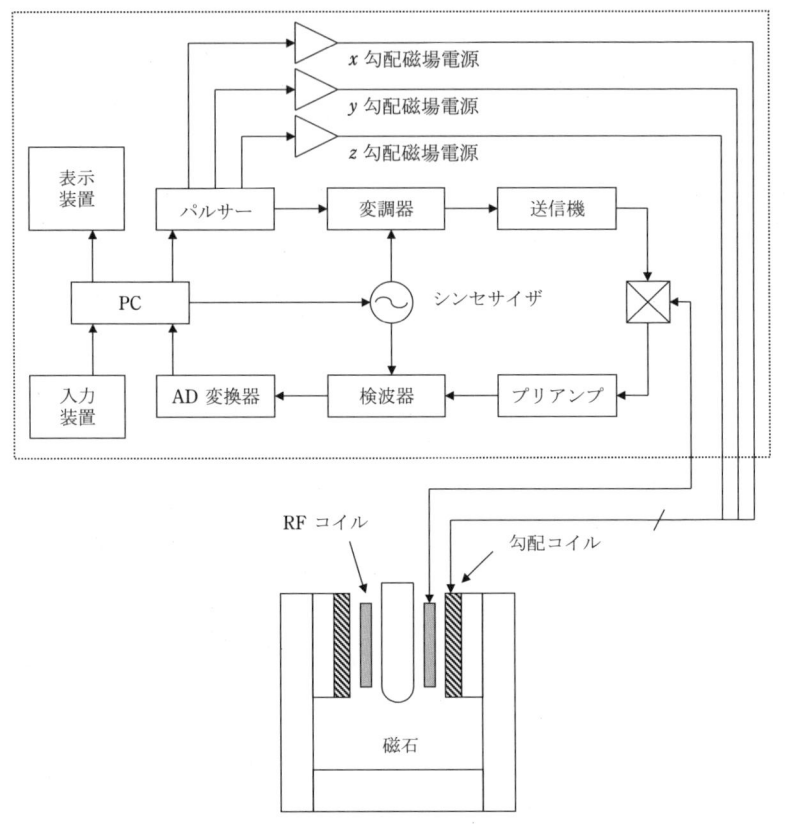

図 2.1 コンパクト MRI の構成
上の破線で囲んだ部分が MRI コンソール．

RF パルスにより励起された核スピンは，RF コイルに NMR 信号を誘起し，この信号はプリアンプで増幅され，検波器において回転系の NMR 信号が得られる．この検波された信号は，AD 変換器でディジタル化され，PC のメモリに一時的に格納される．そして，画像再構成に必要なデータ収集が終わると，画像再構成プログラムが起動され，ディスプレイに再構成画像が表示される．

以上が，コンパクト MRI の動作の概要である．以下に，ハードウェアの各ユニットに関して，より詳細に解説しよう．

2.2 永久磁石磁気回路

2.2.1 永久磁石材料

永久磁石の歴史は古く紀元前まで遡るが，近代工業化磁石の幕開けは1917年の本多光太郎博士によるKS鋼の発明に始まる．その磁石のエネルギー積は$8kJ/m^3$(1MGOe) 程度であったが，当時としては驚異的な特性をもつ永久磁石であった．その後，いろいろな永久磁石材料が開発され，1982年佐川眞人博士によって発明されたNd（ネオジム），Fe（鉄），B（ホウ素）を主成分とした**ネオジム系焼結永久磁石**[1]は非常に高い特性をもち（表2.1），現在最も磁気特性の高い永久磁石としてエレクトロニクス，自動車をはじめ，さまざまな分野の工業製品の小型軽量化，省エネルギーに寄与している．

Nd-Fe-B磁石の登場によって永久磁石方式MRIの実用化も加速されることになった．1982年，日本に最初に導入された米国製の医療用MRI装置はフェライト磁石を使用し，0.04T程度の磁場強度で重量は14トンであった[2]．現在の装置[3]と比較すると，重量は同程度であるが，磁場強度は実に10倍に達しており，永久磁石材料と磁気回路構成技術の進化を物語っている．2004年までに全国で約5100台の医療用MRI装置が設置されており，超伝導高磁場型と永久磁石オープン型という双方のそれぞれの特長を生かした形で市場が二分化され，全体の約30%が永久磁石式になっている[4]．

表2.1　代表的な永久磁石の特性比較

磁石材料	フェライト磁石	アルニコ磁石	サマリウム・コバルト磁石	ネオジム・鉄・ホウ素磁石
主成分	$BaO \cdot 6Fe_2O_3$ $SrO \cdot 6Fe_2O_3$	Fe-Ni-Al-Co	$SmCo_5$ Sm_2Co_{17}	$Nd_2Fe_{14}B$
製造方法	粉末成形＋焼結	焼結，鋳造	粉末成形＋焼結	粉末成形＋焼結
残留磁束密度 Br(T)	0.2〜0.47	0.53〜1.35	0.78〜1.2	1.04〜1.48
保磁力 Hcj(kA/m)	180〜414	43〜152	> 420	> 875
最大エネルギー積 (BH)max (kJ/m^3)	7〜41	9〜48	80〜262	206〜422
Brの温度係数 (%/℃)	−0.18	−0.02	−0.03	−0.09〜−0.11
キュリー温度 (℃)	440〜460	810〜850	710〜820	310〜330
密度 (g/cm^3)	4.6〜5.0	7.0〜7.3	8.2〜8.5	7.5〜7.6

2.2.2 磁気回路の構成方法

MRI用の磁場発生装置は，電磁石・永久磁石問わず単に**磁石** (magnet) と呼ばれることがあるが，ここでは電気工学的に**磁気回路** (magnetic circuit) と呼ぶ．コンパクトMRI用の磁気回路は，検査対象の大きさによって開口部の幅がおよそ250mm以下で0.3T以下の低磁場型と，100mm以下で1T以上の高磁場型の磁気回路に分けられる．主に前者は人体の四肢，後者は小動物などの撮像に用いられる．

永久磁石磁気回路の場合，寸法Lに対して磁場強度はLの0乗（変化なし），重量はLの3乗に比例するというスケーリング則 (Scaling low) がある．例えば，開口幅が450mm，重量が10,000kgの全身用MRI磁気回路を1/3にスケールダウンすると，磁場強度はそのままで開口幅が150mmで，370kg程度のコンパクトMRI用磁場発生装置が誕生する．

一方，1T以上の高磁場を得るためには，単純に永久磁石をN極とS極に対向させるだけでなく特別な工夫が必要である．例えば，先端の面積を絞った形状の軟鉄製の**ポールピース**（**磁極片**）を用いると，磁束が集中しギャップ中に高磁場が得られる [5]．また，図2.2に示すようなリング状の磁気回路構造ではさらに小型軽量化が可能である．このような磁気回路は，"Halbach cylinder"あるいは"Magic ring (sphere)"などと呼ばれ，外部への漏洩磁場はなく，内部に均一な強磁場が発生できる永久磁石として古くから知られている [6-8]．本質的にヨークを使用しない構造のため，重量を非常に小さくできるという特長がある．

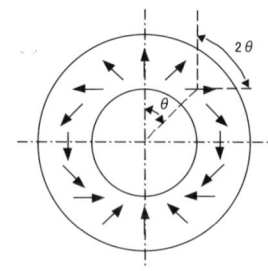

図2.2 理想的なリング型磁気回路

2.2 永久磁石磁気回路

このリング状の磁気回路において,各点における永久磁石の磁化方向が,

$$\alpha = 2\theta \tag{2.1}$$

である場合,無限長の円筒と仮定すると,ギャップ中の磁場強度 B(T) は次式で求められる.

$$B = B_r \ln(r_2/r_1) \tag{2.2}$$

ここで,B_r は永久磁石の残留磁束密度 (T),r_2,r_1 はそれぞれ円筒の外半径 (m),内半径 (m) である.中空の球体の場合,

$$B = (4/3) B_r \ln(r_2/r_1) \tag{2.3}$$

となり,理想的な磁気回路として所望の磁場強度の磁気回路寸法が計算できる.

ところで,Nd-Fe-B 焼結磁石は原料となる合金を粉砕した後,磁気的な異方性を付与するため一定方向の磁場中でプレス成形され,その後焼結という工程で製造される.そのため,図 2.2 に示すような磁化方向が連続的に変化する永久磁石を一体で製作することは難しい.このため,実際の磁気回路はいくつかのセグメントに分割して磁気回路が構成される.一般に焼結磁石は硬くて脆い材質であり,通常の金属のような機械加工が難しいために,砥石による研削加工が必要である.セグメント数が多いほど理想的な磁気回路に近づくが,工程が増加して製作コストが高くなるため,経済的に妥当なセグメントの数が選択されることになる.図 2.3 にリング状の磁石構造を基本とした磁気回路として

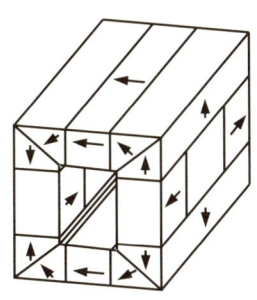

図 2.3 ヨークレスタイプのリング型磁気回路の実際に製作される磁気回路構造

構成した例を示す．このような磁気回路では，三次元磁場解析手法を駆使して各部の寸法や材質の最適設計が行われる．

2.2.3 静磁場均一化の手法

磁気回路のギャップに発生する磁場を均一にする最も単純な方法は，ギャップ長に対する磁極面積の比をできるだけ大きくする方法である．しかし，この場合重量が非常に大きくなってしまうので実用的ではない．そこで，小型軽量化するために，図 2.4 に示すように磁気回路のギャップ対向面にポールピースが取り付けられる．そのポールピースの周縁部に Rose シム [9] と呼ばれる突起を設け，その形状を工夫することによりギャップ長とポールピース直径の比は 2.0〜2.5 程度にまで抑えることができ，磁気回路重量の大幅な軽量化が可能である [10]．このような方法で得られる均一磁場空間の大きさは，概ねポールピース直径の 1/3〜1/4 程度の大きさになる．

磁気回路の非対称性や寸法条件に加えて永久磁石材料の磁気特性のバラツキや磁気回路の組立公差などにより磁場に不均一性が生じる．また，設置環境（周囲の磁性体，温度分布）の変化により磁場均一度が変化することがある．一般に静磁場はラプラスの方程式を満たすので，ルジャンドル (Legendre) の陪多項式を用いて展開することができ，その係数を指標にして磁場分布を評価し

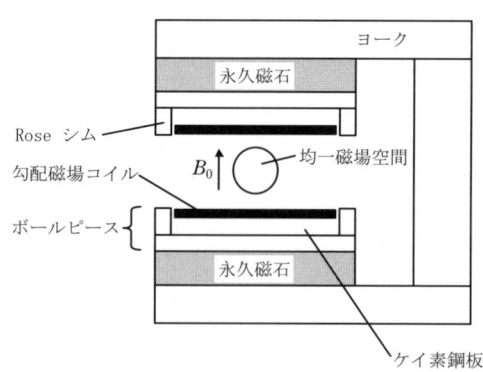

図 2.4 磁気回路の断面形状
本図はヨーク付きであるが，磁極周囲はヨークレスタイプも同様な構造である．

2.2 永久磁石磁気回路

たり均一度の補正に用いることができる [11]．磁場の不均一性を補正する手段は**シミング (shimming)** と呼ばれ，電流シムを用いる**アクティブシム**，機械的な機構によるメカニカルシム，ポールピースの表面に磁性小片を置く**パッシブシム**と呼ばれる方法がある．それぞれの方法には一長一短があり，調整目的に応じて適宜選択される．例えば，アクティブシムは動的な調整に適しており，メカニカルシムは低次の不均一性を補正するのに有効な方法である．パッシブシムは，鉄片，磁石片などが用いられ，その他のシミング手段では困難な局所的な磁場の補正に使用される．そのシムの配置は，線形計画法のような最適化手法を用いたソフトウェアにより決定されるが，シムの大きさや位置が磁場分布に与える効果は非常に微妙であるため，最終的に数 ppm オーダーの均一度に収めるためには，熟練を極めた職人技的な作業が必要となる．

ポールピースの製作精度が磁場に与える影響度が大きいので，古くから機械的な寸法精度や使用する材質の均一性を高めることに努力が払われ，炭素含有率の低い電磁軟鉄のような材料が使用されていた．しかし，近年の高速撮像の必要性などから，勾配磁場コイルと対向するポールピース表面には，渦電流の発生を抑制するために電気抵抗が大きい材料（例えば，積層・分割されたケイ素鋼板）が用いられるようになっている．また，パルス勾配磁場を印加した後に磁場均一度に変化を与えないような保磁力の小さい材料であるということも必要である．すなわち，高周波域での渦電流損やヒステリシス損が小さく，高飽和磁束密度という特性を兼ね備えた磁性材料を使用することが望ましい．

2.2.4 コンパクト MRI の設置環境

(a) 磁場に対する安全性の考慮

コンパクト MRI を設置するにあたり，まず磁場に対する安全面での配慮が必要である．装置を置く部屋の入口には磁場発生中の表示を行い，心臓ペースメーカーを装着している人が磁気回路に近づかないように磁場の管理区域としておかねばならない．

図 2.5 に，磁場強度 0.12T，170mm ギャップの磁気回路の漏洩磁場分布を示す．磁気回路の近傍（数十cm 程度）では磁場による磁性体の吸引力に注意することが必要である．例えば，工具等を不用意に持って力を感じた時には既に

第2章 ハードウェア(Ⅰ)：総論

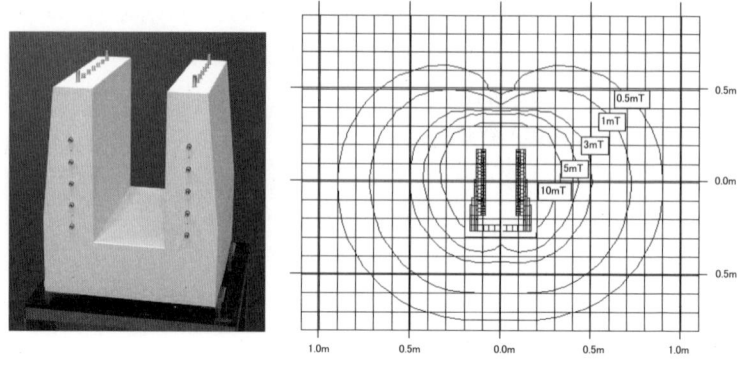

図2.5 磁場強度0.12T，ギャップ長170mmの磁気回路の写真と漏洩磁場分布

手遅れとなっている場合があり事故につながるケースが考えられる．また，磁気回路に大きな磁性体が吸引された場合，ヨークやポールピースに磁気的なヒステリシスが生じるため，磁場の均一性が悪化してしまい再調整を余儀なくされることがある．

　磁場が他の計測機器に与えることも考慮しておく必要がある．特に電子ビームを使用するCRTやオシロスコープ，電子顕微鏡などの装置は0.1mT以下でも影響が認められることがある．また，時計や磁気カードなどをうっかりポケットに入れたまま磁気回路に接近して壊してしまうといったことにも注意しなくてはならない．

(b) 温度環境

　ネオジム系永久磁石は，約 −0.1%/℃の温度係数をもつ．すなわち，1Tの磁気回路の場合，温度が10℃上昇すると，磁場強度が10mT低下する．すなわちプロトンの共鳴周波数が約426kHzずれることになる．磁気回路の熱容量があるので，気温の変化が直ちに周波数のドリフトにはならないが，撮像の都度RFコイルのチューニングを行うことは煩わしい．そのため，磁気回路を断熱して，さらには恒温制御をすることが望ましい．実験室の温度環境が18〜28℃と想定すると，磁気回路をそれよりも少し高い温度（例えば30℃）で保温しておくと，冷却装置は不要でヒーターだけで恒温制御ができる．また，勾配磁場

コイルのジュール損による熱の流入が小さくなるという利点もある．このように一定の温度に制御された磁気回路の磁場変動は小さく，若干の周波数調整で撮像をスタートすることが可能である．

(c) 磁気回路の設置環境と経年変化

永久磁石を使用した磁気回路の保管に関して注意すべき点は，過度の温度上昇と結露である．磁気回路の構造，永久磁石の材質にもよるが，通常は最高温度が60℃程度以下での使用を前提に設計されている．この温度を越えると不可逆減磁，すなわち磁力の恒久的な低下が起こると考えてよい．また，磁気回路はネオジム磁石をはじめ鉄系の部材が多く使用されるため，各部材にはメッキ等の表面処理が行われているが，結露等により長期間濡れた状態になると発錆する可能性がある．

永久磁石は**着磁** (magnetizing) した瞬間から減磁が始まり，その減磁率は対数の時間軸でほぼ一定の値となることが知られている [12]．例えば，最初の1年で0.1%減磁したとすると，その次に0.1%減磁するのは9年後（着磁してから10年後）になり，その次に0.1%減磁するのは着磁してから100年後になる．したがって，通常の使用状態における永久磁石の経年変化による磁場強度低下の割合はきわめて小さいため実用上の問題はないと考えられる．

2.2.5 製作例

本節では，代表的なコンパクトMRIの磁気回路を紹介する．図2.5に示した低磁場型の磁気回路は，左右に永久磁石を対向したU字型のヨークが用いられているので，各方向からのアクセスが容易である．また，この磁気回路の重量は約160 kgで，3〜4人で持ち上げることができ車載も可能な機動性の高い磁気回路である．

次に，高磁場型の磁気回路の製作例を示す．図2.6(a)は，前後と上下方向に開口部をもつためサンプルの出し入れを実験の目的に応じて水平方向または垂直方向に選ぶことができるようになっている．また，図2.6(b)のように，C字型のような広い開口をもつ磁気回路も提案されている．ただし，ヨークを使用するため，ヨークを使用しないタイプよりも重くなる．

第2章　ハードウェア（I）：総論

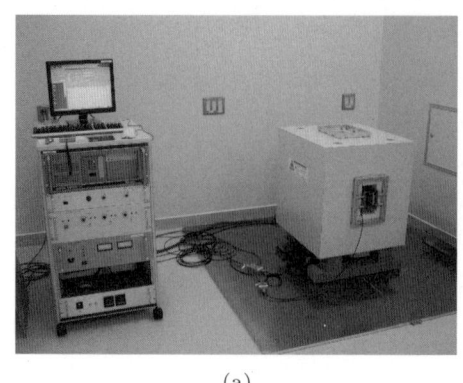 

(a)　　　　　　　　　　　　　　(b)

図 2.6　磁場強度 1T，ギャップ長 100mm の磁気回路
(a) ヨークレス型，(b) ヨーク付きオープン型の例．900～1400kg の重量．

表 2.2　図 2.6(a) に示す磁気回路の仕様

磁場強度（^{1}H 共鳴周波数）	1.03T (43.79MHz)
ギャップ長	100mm
均一磁場空間	30mm 球
磁場均一度	5ppm 以下
外形寸法	600 × 640 × 820mm
重量	約 900kg
漏洩磁場（0.5mT ライン）	磁場中心より 1.2m 以下

2.3　勾配磁場コイル

　勾配磁場コイルは，NMR 信号の空間的な位置の識別に用いられるものであり，MRI のハードウェアでは，現在でも，最も盛んに研究されているユニットである．ところが，本格的に研究が始められたのは 1980 年代の半ばころからであり，特に，1986 年に，**ターゲットフィールド** (target field) 法の提案がなされてからは，数学的に洗練された取り扱いが行われている [13-15]．
　さて，勾配磁場コイルを特徴づけるパラメタには種々のものがある．まず，回路素子として見たときのパラメタとして，**インダクタンス**と**直流抵抗**があり，

磁場発生装置として見た場合には，**勾配磁場発生効率**（η：印加した電流に対しコイル中央部で発生する勾配磁場強度；単位は G/cm/A もしくは mT/m/A），**勾配磁場均一領域**（コイル中心の勾配磁場強度からの偏差が $\pm 5\%$ の領域）の大きさなどがあげられる．また，勾配磁場電源や勾配コイルの周囲に発生する渦電流なども関連するパラメタである**勾配磁場スイッチング時間**も，重要なパラメタである．

以上のすべてのパラメタを同時に最適化することが望ましいが，コンパクト MRI では，コイルサイズが小さいため，インダクタンス，直流抵抗，勾配磁場発生効率などは，多くの場合あまり重要な問題ではない．よって，この節では，コンパクト MRI において最も重要な問題と言える，広い勾配磁場均一領域を確保する方法について，ターゲットフィールド法 [13] を用いた方法の解説を行う．なお，以下の解説では，文献 [15]，[16] による記述を参考としているが，文献 [15] とは幾何学的配置が異なっているので，比較する場合には注意が必要である．

2.3.1 平面電流の発生する磁場

2.2 節で見たように，永久磁石磁気回路は，均一な静磁場を発生するために，円形のポールピースを有しており，静磁場空間は，そのポールピースの間に発生している．よって，勾配磁場コイルとしては，静磁場（z 方向）に垂直で，できる限りポールピースに近接した平板上に巻くのが，静磁場空間を利用する上で好都合である．そこで，まず，z 軸に垂直な平面上を流れる電流が発生する静磁場を記述しよう．なお，この平面電流が発生する磁場が，ポールピースや磁気回路に誘起する磁場を含めて，勾配磁場を最適化することが望ましいが，これに関しては，世界的にも未開拓の技術であるので，以下の議論では，この効果は無視することにしよう．

さて，平面電流が $z = z_0$ に位置している場合に発生する磁場を求める．電流源を含まない自由空間では，静磁場ポテンシャル ϕ は，ラプラスの方程式を満たすため，

$$\frac{\partial^2 \phi}{\partial x^2} + \frac{\partial^2 \phi}{\partial y^2} + \frac{\partial^2 \phi}{\partial z^2} = 0 \qquad (2.4)$$

となる．この方程式の解として，

$$\phi(x,y,z) = \int_{-\infty}^{\infty}\int_{-\infty}^{\infty} A^{(\pm)}(k_x,k_y) \exp(ik_x x + ik_y y \mp k_z z) dk_x dk_y \quad (2.5)$$

を得る．ただし，$k_z = \sqrt{k_x^2 + k_y^2}$ であり，$A^{(+)}(k_x,k_y)$ は $z_0 < z$ で有効な解の係数，$A^{(-)}(k_x,k_y)$ は $z < z_0$ で有効な解の係数であり，複号は同順である．この解に対する静磁場は，

$$\vec{B}(x,y,z) = -grad\,\phi \quad (2.6)$$

で得られるため，その磁場成分はそれぞれ，

$$B_x^{\pm}(x,y,z) = -\frac{\partial \phi}{\partial x}$$
$$= -i\int_{-\infty}^{\infty}\int_{-\infty}^{\infty} A^{(\pm)}(k_x,k_y) k_x \exp(ik_x x + ik_y y \mp k_z z) dk_x dk_y \quad (2.7)$$

$$B_y^{\pm}(x,y,z) = -\frac{\partial \phi}{\partial y}$$
$$= -i\int_{-\infty}^{\infty}\int_{-\infty}^{\infty} A^{(\pm)}(k_x,k_y) k_y \exp(ik_x x + ik_y y \mp k_z z) dk_x dk_y \quad (2.8)$$

$$B_z^{\pm}(x,y,z) = -\frac{\partial \phi}{\partial z}$$
$$= \pm\int_{-\infty}^{\infty}\int_{-\infty}^{\infty} A^{(\pm)}(k_x,k_y) k_z \exp(ik_x x + ik_y y \mp k_z z) dk_x dk_y \quad (2.9)$$

となる．なお，勾配磁場領域の計算では，これらの式のうち，実際には z 成分の式 (2.9) だけを使うことを注意しておこう．

次に，平面電流分布と，この電流が生成する磁場の関係を決定する境界条件を考える．

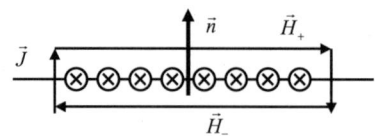

図 2.7　アンペールの定理に基づく電流平面における境界条件

2.3 勾配磁場コイル

図 2.7 に示すように，微小な電流平面に，アンペールの回路定理を適用すると [17]，

$$\vec{H}_+ - \vec{H}_- = \vec{J} \times \vec{n} \tag{2.10}$$

となる．ただし，$\vec{n}$ は，電流平面の単位法線ベクトル，すなわち，$\vec{n} = {}^t(0,0,1)$ である．真空中では，両辺に μ_0 をかけることにより，

$$\vec{B}_+ - \vec{B}_- = \mu_0 \vec{J} \times \vec{n} \tag{2.11}$$

を得る．式 (2.11) を，成分で書くと，

$$(\vec{B}_+ - \vec{B}_-)_x = \mu_0 J_y \tag{2.12}$$

$$(\vec{B}_+ - \vec{B}_-)_y = -\mu_0 J_x \tag{2.13}$$

$$(\vec{B}_+ - \vec{B}_-)_z = 0 \tag{2.14}$$

となる．

式 (2.12)〜(2.14) に，式 (2.7)〜(2.9) を代入すると，

$$-i \int_{-\infty}^{\infty} \int_{-\infty}^{\infty} (A^+(k_x, k_y) \exp(-k_z z) - A^-(k_x, k_y) \exp(k_z z))$$
$$\times k_x \exp(ik_x x + ik_y y) dk_x dk_y = \mu_0 J_y(x, y) \tag{2.15}$$

$$-i \int_{-\infty}^{\infty} \int_{-\infty}^{\infty} (A^+(k_x, k_y) \exp(-k_z z) - A^-(k_x, k_y) \exp(k_z z))$$
$$\times k_y \exp(ik_x x + ik_y y) dk_x dk_y = -\mu_0 J_x(x, y) \tag{2.16}$$

$$\int_{-\infty}^{\infty} \int_{-\infty}^{\infty} (A^+(k_x, k_y) \exp(-k_z z) + A^-(k_x, k_y) \exp(k_z z))$$
$$\times k_z \exp(ik_x x + ik_y y) dk_x dk_y = 0 \tag{2.17}$$

となる．$J_x(x, y)$ と $J_y(x, y)$ を

$$J_x(x, y) = \frac{1}{(2\pi)^2} \int_{-\infty}^{\infty} \int_{-\infty}^{\infty} j_x(k_x, k_y) \exp(ik_x x + ik_y y) dk_x dk_y \tag{2.18}$$

$$J_y(x, y) = \frac{1}{(2\pi)^2} \int_{-\infty}^{\infty} \int_{-\infty}^{\infty} j_y(k_x, k_y) \exp(ik_x x + ik_y y) dk_x dk_y \tag{2.19}$$

と，xy 面内におけるフーリエ成分で表し，それぞれ式 (2.15)，式 (2.16) に代

23

入すると，

$$i(A^+(k_x,k_y)\exp(-k_z z_0) - A^-(k_x,k_y)\exp(k_z z_0))k_y$$
$$= \frac{\mu_0}{(2\pi)^2} j_x(k_x,k_y) \tag{2.20}$$

$$-i(A^+(k_x,k_y)\exp(-k_z z_0) - A^-(k_x,k_y)\exp(k_z z_0))k_x$$
$$= \frac{\mu_0}{(2\pi)^2} j_y(k_x,k_y) \tag{2.21}$$

$$A^+(k_x,k_y)\exp(-k_z z_0) + A^-(k_x,k_y)\exp(k_z z) = 0 \tag{2.22}$$

となる．式 (2.20)〜(2.22) を $A^{(+)}(k_x,k_y)$, $A^{(-)}(k_x,k_y)$ を未知数として解くと，

$$\tag{2.23}$$

$$A^-(k_x,k_y) = \frac{\mu_0}{(2\pi)^2} \cdot \frac{j_y(k_x,k_y)\exp(-k_z z_0)}{2ik_x}$$
$$= -\frac{\mu_0}{(2\pi)^2} \cdot \frac{j_x(k_x,k_y)\exp(-k_z z_0)}{2ik_y} \tag{2.24}$$

$$k_x j_x(k_x,k_y) + k_y j_y(k_x,k_y) = 0 \tag{2.25}$$

となる．なお，式 (2.25) は，電流の連続の式を，フーリエ成分で表したものとなっている．

式 (2.23) と式 (2.24) は，電流密度と静磁場ポテンシャルのフーリエ成分同士の関係式であり，目的とする静磁場分布から電流分布を求めるターゲットフィールド法の基礎をなす関係式である．

さて，式 (2.23) と式 (2.24) を，式 (2.9) に代入すると，

$$B_z^\pm(x,y,z) = \frac{\mu_0}{4\pi^2} \int_{-\infty}^{\infty} \int_{-\infty}^{\infty} k_z \frac{j_x(k_x,k_y)\exp(\pm k_z z_0)}{2ik_y}$$
$$\times \exp(ik_x x + ik_y y \mp k_z z) dk_x dk_y \tag{2.26}$$

となる．

2.3.2 ターゲットフィールド法による電流分布の決定法

前節の結果を用いて，2枚の平面電流間に発生する静磁場分布を表す式を求め，目的とする磁場分布から，電流分布とコイルの巻き線パターンを求める方法を示す．

図 2.8 に示すように，勾配コイルとするための 2 枚の平面電流が，$z = \pm a$ にあるとする．すなわち，$z = \pm a$ における電流分布を $\vec{J}^{\pm a}$ とする．この時，$z = a$ の平面電流が，2 枚の平面電流間に作る磁場は，

$$B_z^a(x,y,z) = -\frac{i\mu_0}{8\pi^2}\int_{-\infty}^{\infty}\int_{-\infty}^{\infty} k_z \frac{j_x^a(k_x,k_y)\exp(-k_z a)}{k_y}$$
$$\times \exp(ik_x x + ik_y y + k_z z) dk_x dk_y \quad (2.27)$$

となり，$z = -a$ の平面電流が，2 枚の平面電流間に作る磁場は，

$$B_z^{-a}(x,y,z) = -\frac{i\mu_0}{8\pi^2}\int_{-\infty}^{\infty}\int_{-\infty}^{\infty} k_z \frac{j_x^{-a}(k_x,k_y)\exp(-k_z a)}{k_y}$$
$$\times \exp(ik_x x + ik_y y - k_z z) dk_x dk_y \quad (2.28)$$

となる．

よって，2 枚の平面電流間の磁場は，式 (2.27) と式 (2.28) を加えることにより，

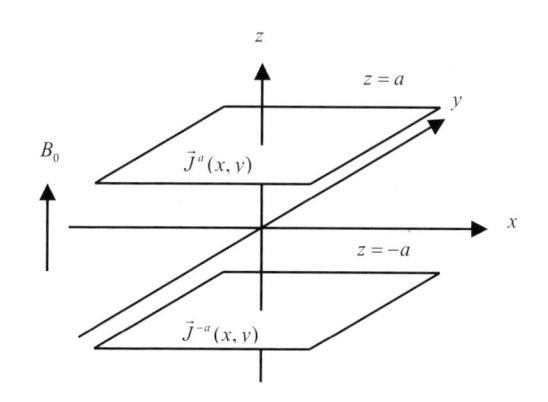

図 2.8　平面勾配磁場コイルの配置

$$B_z(x,y,z) = -\frac{i\mu_0}{8\pi^2}\int_{-\infty}^{\infty}\int_{-\infty}^{\infty}\frac{k_z}{k_y}\left\{j_x^{-a}(k_x,k_y)\exp(-k_z(a+z))\right.$$
$$\left.+j_x^a(k_x,k_y)\exp(-k_z(a-z))\right\}\exp(ik_xx+ik_yy)dk_xdk_y \quad (2.29)$$

となる.

目的 (target) とする磁場分布を特徴づける条件として,電流平面の内側の平面 $z=\pm c$ における磁場分布 $B_z^t(x,y,\pm c)$(target field) を与える.たとえば,この磁場が,$z=\pm c$ の平面内で,x 方向の理想的な勾配磁場分布を与えるようにする.式 (2.29) が与える磁場と $B_z^t(x,y,\pm c)$ が,$z=\pm c$ において一致するように電流密度を決めるのが,ターゲットフィールド法である.

このため,$B_z^t(x,y,\pm c)$ を

$$B_z^t(x,y,\pm c)=\frac{1}{4\pi^2}\int_{-\infty}^{\infty}\int_{-\infty}^{\infty}b_z^t(k_x,k_y,\pm c)\exp(ik_xx+ik_yy)dk_xdk_y \quad (2.30)$$

のようにフーリエ成分で表し,これを式 (2.29) と等値する.そして,そのフーリエ成分同士を等値すれば,

$$b_z^t(k_x,k_y,c)=-\frac{i\mu_0}{2}\cdot\frac{k_z}{k_y}\left\{j_x^{-a}(k_x,k_y)\exp(-k_z(c+a))\right.$$
$$\left.+j_x^a(k_x,k_y)\exp(-k_z(a-c))\right\} \quad (2.31)$$
$$b_z^t(k_x,k_y,-c)=-\frac{i\mu_0}{2}\cdot\frac{k_z}{k_y}\left\{j_x^{-a}(k_x,k_y)\exp(-k_z(-c+a))\right.$$
$$\left.+j_x^a(k_x,k_y)\exp(-k_z(a+c))\right\} \quad (2.32)$$

となる.

この連立方程式を,$j_x^{-a}(k_x,k_y)$ と $j_x^a(k_x,k_y)$ について解けば,

$$j_x^a(k_x,k_y)=-\frac{1}{i\mu_0}\cdot\frac{k_y}{k_z}\cdot\exp(k_za)\cdot(\sinh(2k_zc))^{-1}\left\{b_z^t(k_x,k_y,c)\exp(k_zc)\right.$$
$$\left.-b_z^t(k_x,k_y,-c)\exp(-k_zc)\right\} \quad (2.33)$$
$$j_x^{-a}(k_x,k_y)=\frac{1}{i\mu_0}\cdot\frac{k_y}{k_z}\cdot\exp(k_za)\cdot(\sinh(2k_zc))^{-1}\left\{b_z^t(k_x,k_y,c)\exp(-k_zc)\right.$$
$$\left.-b_z^t(k_x,k_y,-c)\exp(k_zc)\right\} \quad (2.34)$$

となる．これを式 (2.18) と式 (2.19) に従って，フーリエ合成することにより，電流分布 $\vec{J}^a(x,y)$ と $\vec{J}^{-a}(x,y)$ を求めることができる．このようにして，目的とする磁場分布から，コイル面内の電流分布を決めることができる．

さて，平面電流分布から巻き線を求めるためには，流れ場から，流線を求めるための方法を使用する [18]．すなわち，電流密度場 $\vec{J}(\vec{r})$ は，$div\vec{J}(\vec{r}) = 0$ であるため，他のベクトル場 $\vec{S}(\vec{r})$（**流れ関数**：stream function）を用いて，$\vec{J}(\vec{r}) = \nabla \times \vec{S}(\vec{r})$ と表すことができる．

$\vec{J}(\vec{r})$ は，二次元に限定されているため，$S_z(x,y)$ だけを考えればよく，

$$J_x(x,y) = -\frac{\partial S_z}{\partial y} \tag{2.35}$$

$$J_y(x,y) = \frac{\partial S_z}{\partial x} \tag{2.36}$$

となる．よって，

$$S_z(x,y) = -\int_{-\infty}^{y} J_x(x,y')dy' \tag{2.37}$$

となる．式 (2.37) は，流れ関数が，電流密度の積分であることを示しており，このため，流れ関数の一定ステップごとの等高線を作ることにより，電流密度を代表する巻き線パターンが得られることがわかる．

2.3.3 ターゲットフィールド法による勾配コイルの設計例

前節では，コイル間の平面における磁場分布から，コイル面内の電流密度分布を求める方法を示した．すなわち，2つのコイル面における平面電流分布のフーリエ成分と，コイル間の2つの平面上の磁場分布のフーリエ成分との代数方程式を求めて，それを解くことにより電流分布を求めた．このように，n 枚の平面コイルの電流密度を求める場合には，n 枚の平面における磁場分布を指定する必要がある．

さて，本節では，最も簡単な例として，平面 $z = \pm c$ のいずれの面においても，同様に x 方向の勾配磁場が得られるような場合について，具体的な計算結果を示す．この場合には，

第2章 ハードウェア(I): 総論

$$B_z^t(x,y,c) = B_z^t(x,y,-c) \tag{2.38}$$

となるため,フーリエ成分に関しても,

$$b_z^t(k_x,k_y,c) = b_z^t(k_x,k_y,-c) \tag{2.39}$$

となる.よって,式 (2.39) を,式 (2.33),(2.34) に代入すると,

$$\begin{aligned}j_x^a(k_x,k_y) &= j_x^{-a}(k_x,k_y) \\ &= -\frac{2}{i\mu_0}\cdot\frac{k_y}{k_z}\cdot\exp(k_z a)\cdot(\cosh(k_z c))^{-1}b_z^t(k_x,k_y,c)\end{aligned} \tag{2.40}$$

となる.このように,2つの平面電流は同じものとなる.

$B_z^t(x,y,\pm c)$ に,理想的な x 方向の勾配磁場分布を与え,そのフーリエ成分を,二次元 FFT により計算して式 (2.40) に代入し,電流分布を求めるためのフーリエ合成も,二次元 FFT で計算することにより,図 2.9(a) と (b) に示す電流分布を得ることができる.ここでは,勾配磁場コイル間の間隔を 16cm とし,直径 34cm の円盤内に収まる大きさとなるように計算を行っている.図 2.9(c) には,これらの電流分布から得られた巻き線パターンを示し,図 2.9(d) に,比較のための平行 4 線コイルの巻き線パターンを示す.

さらに,図 2.9 の巻線パターンに Biot-Savart の法則を適用して磁場計算を行い,勾配磁場の偏差 ($|G_x(x,y) - G_x^0|/|G_x^0|$, $G_x(x,y)$ は勾配コイルによる勾配磁場,G_x^0 は勾配コイル中心の勾配磁場強度) が 5% 以内の領域を,図 2.10 に示す.

図 2.10(a),図 2.10(c) は,それぞれ,中央の zx 面,中央の xy 面における平行 4 線コイル (図 2.9(d)) が発生する勾配磁場の偏差が 5% 以内の領域である.図 2.10(b),図 2.10(d) は,それぞれ,中央の zx 面,中央の xy 面におけるターゲットフィールド法で求めたコイル (図 2.9(c)) が発生する勾配磁場の偏差が 5% 以内の領域である.

これらの結果を比較するとわかるようにターゲットフィールド法により求めた勾配コイルのほうが,平行 4 線勾配コイルよりも,勾配磁場の均一領域が,y,z いずれの方向にも,劇的に広がっていることがわかる.

2.3 勾配磁場コイル

(a)

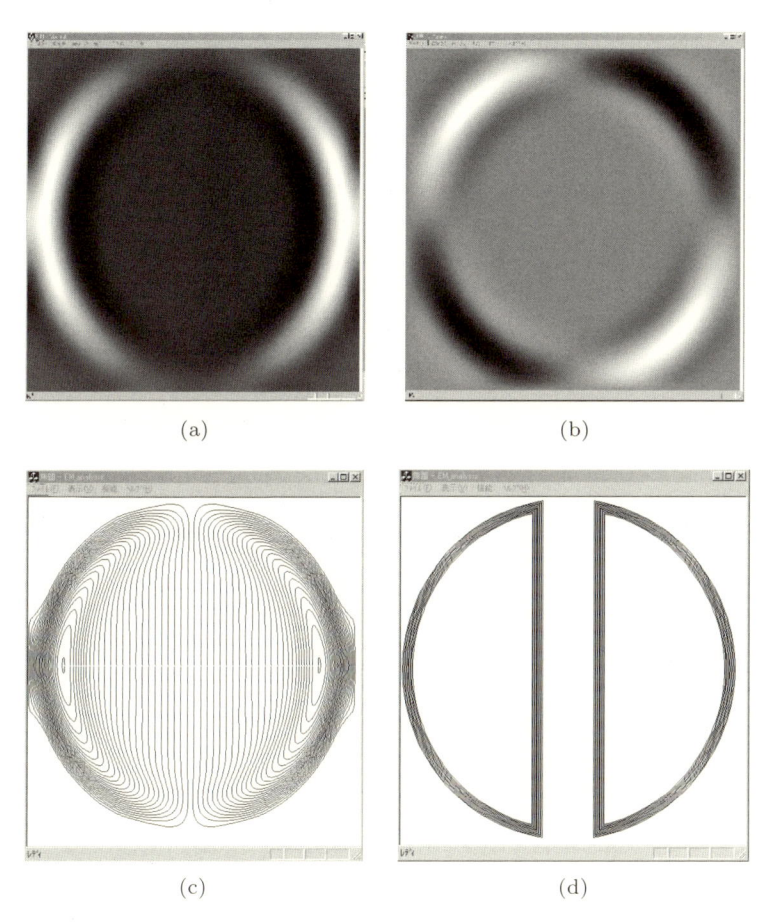

(b)

(c)

(d)

図 2.9 ターゲットフィールド法により求めた電流密度と巻き線パターン
(a) x 勾配磁場の $J_x(x,y)$, (b) x 勾配磁場の $J_y(x,y)$, (c) 電流分布から求めた巻き線パターン, (d) 平行 4 線の巻き線パターン.

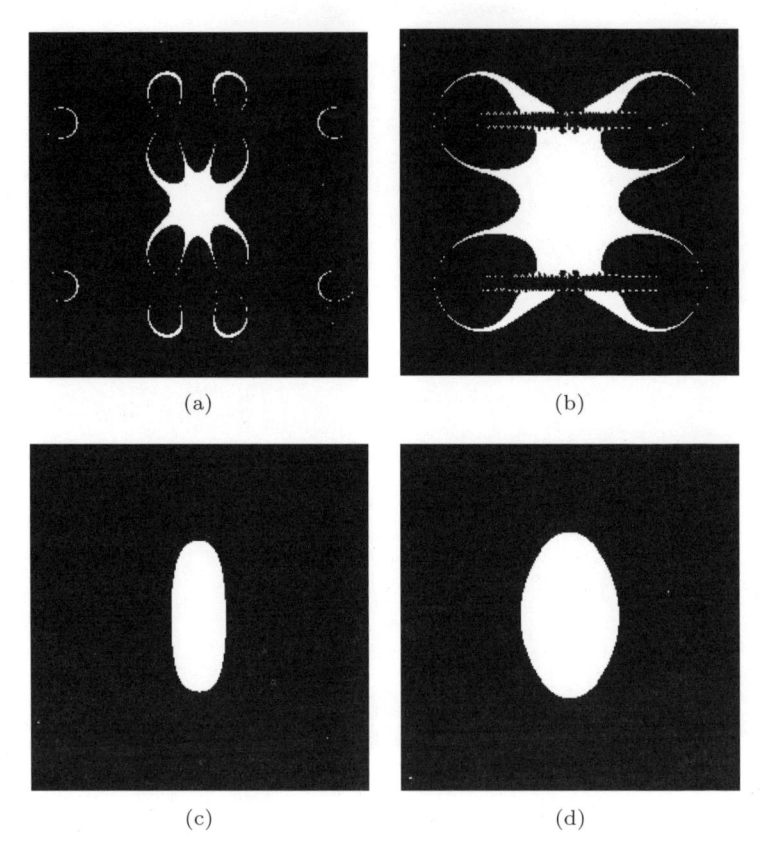

図 2.10　勾配磁場の偏差が 5%以内の領域
(a) 平行 4 線コイル（図 2.9(d)）の中央 zx 面内の分布，(b) ターゲットフィールド法により求めたコイル（図 2.9(c)）の中央 zx 面内の分布，(a) 平行 4 線コイルの中央 xy 面内の分布，(b) ターゲットフィールド法により求めたコイルの中央 xy 面内の分布．

2.4 RF コイル

図 2.11 ターゲットフィールド法を用いて製作した勾配コイル

2.3.4 ターゲットフィールド法による勾配コイルの製作例

図 2.11 に，ターゲットフィールド法を用いて電流パターンを求め，製作した例を示す．このコイルは，直径 1mm のポリエチレン被覆銅線を接着剤で固めながら巻いたものであるが，計算結果を数値制御の工作機械に入力して加工することにより，製作精度を向上させ，かつ量産することも可能であろう．

2.4 RF コイル

永久磁石磁気回路を使用するコンパクト MRI の RF コイルとしては，ほとんど例外なくソレノイドコイルが使用される．これは，静磁場とサンプルのアクセス方向（ギャップに平行な面内）が直交しているため，ソレノイドコイル以外の RF コイルを使用する必要がないからである．すなわち，ソレノイドコイルは，ターン数が多い場合には同じサイズのサドル型（鞍型）コイルに比べ約 3 倍 [19]，クワドラチャバードケージ型コイルに比べても約 2 倍の SNR を達成することができ，簡単な構造を有しているからである．

ところが，サンプルサイズが大きい場合や，共鳴周波数が高い場合には，コイルのターン数を増やすと，自己インダクタンスが増大し，キャパシタンスと形成する同調回路において，チューニングやマッチングがとれなくなることが

第2章 ハードウェア(I)：総論

ある．このような場合には，コイルエレメントをキャパシタで分割して，局所的にチューニングをとることにより，誘導性リアクタンスを減らして，タンク回路で同調がとれるようにする．ただし，各コイルセグメント間の相互インダクタンスの影響などもあるため，このようなコイルの作製は，しばしば，経験と試行錯誤によって行われる．

2.5 MRI コンソール

2.5.1 全体の構成

第1章で述べたように，電気的サブシステムは，サンプルが比較的小さく，勾配磁場電源の電力や，高周波パワーアンプの電力が小さい場合には，すべてのユニットを一体型化した，コンパクトかつポータブルなシステムとすることができる[20]．図2.12に，そのコンパクトMRIコンソールの全容を示す．

この図に示すように，コンパクトMRIコンソールは，上段より，工業用パーソナルコンピュータ上に構築した**ディジタル制御系**，高周波信号を扱う**MRIトランシーバー**，勾配磁場コイルを駆動する定電流の**勾配磁場電源**，そして**高周波送信機**という，4つのユニットから構成される．

これらのユニットのうち，ディジタル制御系はディジタル信号を取り扱い，MRIトランシーバーはアナログ高周波信号を取り扱っている．そして，これら2つのユニットは，電力をあまり必要としないので，**小信号ユニット**ということができ，これらの仕様はサンプルのサイズには依存しない．

いっぽう，勾配磁場電源と高周波送信機は，大きな電力を必要とし，これらの仕様は，サンプルのサイズに大きく依存する．ただし，このラックの大きさに入る勾配磁場電源でも，勾配磁場コイルのドライブ電力としては，スイッチング電源が使える場合（ラーモア周波数が高い場合）には，各チャンネルあたり100W程度の供給が可能である．また，高周波送信機の電力としても，最大200W程度のものを実装することができる．よって，ラーモア周波数にもよるが，直径10cm以下のサンプルを撮像する場合には，すべてのユニットを，このサイズのラックに組むことができる．

2.5 MRI コンソール

図の注釈（上から下）:
- 液晶ディスプレイ
- キーボード・マウス
- ディジタル制御ユニット
- MRI トランシーバー
- 3 チャンネル勾配磁場電源
- 高周波送信機

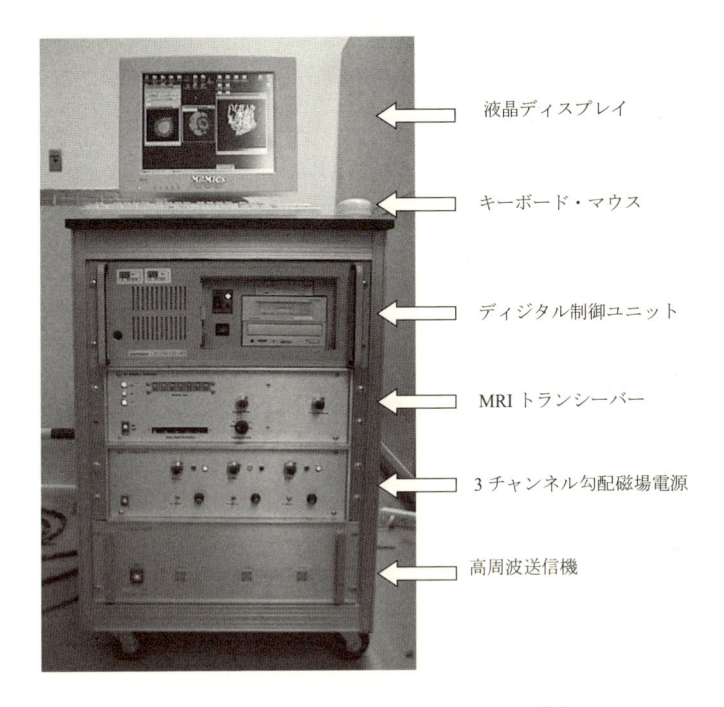

図 2.12 コンパクト MRI コンソールの構成
サイズ：55cm（幅）× 77cm（高さ）× 60cm（奥行き）．重量：約 80kg．

2.5.2 ディジタル制御ユニット

図 2.13 に示すように，このユニットは，標準的なパーソナルコンピュータの拡張バス（ISA バス：industrial standard architecture バス）に，3 枚の拡張ボードを挿入することによって構成されている．3 枚の拡張ボードとは，MRIのパルスシーケンスを発生する**ディジタルシグナルプロセッサ** (digital signal processor: DSP) ボード，ラーモア周波数の基準参照信号を発生する**ダイレクトディジタルシンセサイザ** (direct digital synthesizer: DDS) ボード，NMR 信号をディジタル化する**アナログ—ディジタル変換** (analog-to-digital converter: ADC) ボードである．

以上の 3 枚の拡張ボードを，統合された形で制御するために，Windows OS の下で動作するプログラム（NMR sampler©[21]）が開発されているが，同様

33

第2章 ハードウェア(I)：総論

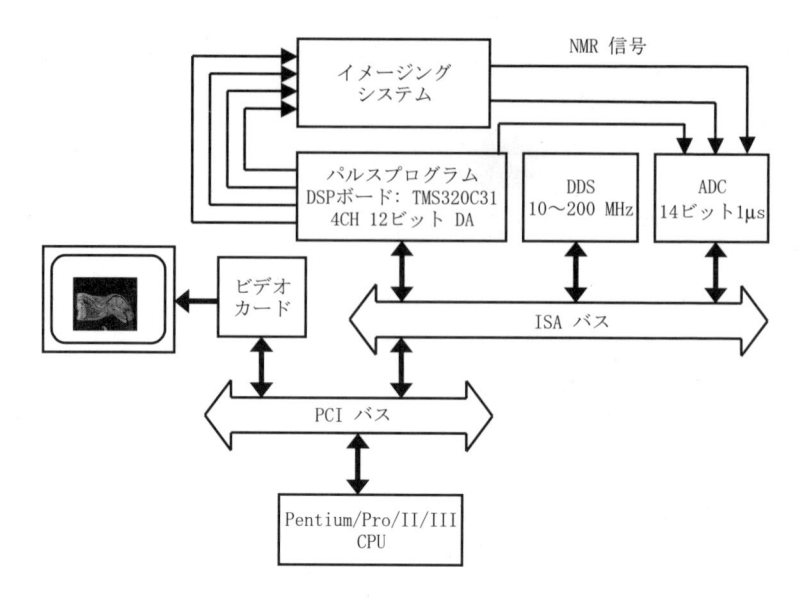

```
                    ┌──────────────┐        NMR 信号
                    │イメージング   │
                    │システム       │
                    └──────────────┘
                            │
        ┌──────────────┬──────────────┬──────────────┐
        │パルスプログラム│     DDS      │    ADC       │
        │DSPボード：   │  10〜200 MHz │ 14ビット 1μs │
        │TMS320C31     │              │              │
        │4CH 12ビット DA│              │              │
        └──────────────┴──────────────┴──────────────┘
                            │
    ┌────────┐  ┌──────────┐
    │        │  │ビデオ    │
    │ (画像) │──│カード    │───────── ISA バス ───────
    └────────┘  └──────────┘
                            │
                    ────── PCI バス ──────
                            │
                    ┌──────────────┐
                    │Pentium/Pro/II/III│
                    │     CPU      │
                    └──────────────┘
```

図 2.13　パーソナルコンピュータ上に構築した MRI システム

な機能をもつボードを用いて，自分でプログラムを開発すれば，同等のシステムを構築することも可能である．

(a)　ディジタルシグナルプロセッサ (DSP) ボード

　DSP ボードの写真を，図 2.14 に示す．このボードは，DSP チップとして，Texas Instruments 社の TMS320C31 を使用し，1 枚のボード上に，8 ビットのディジタル入出力ポート，4 チャンネルの 12 ビット DA コンバータなどを集約したものである．

　TMS320C31 は，32 ビットの DSP チップであり，32 ビットの単精度の浮動小数点データと 32 ビット長の整数データを 1 クロックで処理することができる．クロック周波数は 40MHz であり，このクロックに同期した 4 倍周期 (100ns) の内部タイマーを用いた内部割り込みを使用して，パルスプログラマを制御している．よって，パルスプログラマの時間分解能は 100ns であるが，これは，ほとんどあらゆる MRI シーケンスの実行には支障がない時間分解能である．

2.5 MRI コンソール

図 2.14 パルスプログラマ用 DSP ボード

　8 ビットのディジタル出力ポートは，RF パルスの波形選択・位相選択・トリガ，そしてデータサンプリングのトリガなどに使用されている．4 チャンネルの DA コンバータのうち 3 チャンネルは，勾配磁場の波形の生成に使用され，残りの 1 チャンネルは，RF パルスの波形発生に使用されている．ただし，初期のバージョンでは，RF パルス波形は，MRI トランシーバーの中の ROM (read only memory：読み出し専用メモリ) に記憶されているので，このチャンネルは使用されていない．

　このボードを制御するプログラムにおいては，テキストファイルに書かれたタイミングデータを読み取り，DSP で実行できるデータ形式に変換し，パルサーを制御するプログラムを PC から DSP ボードにダウンロードして，そのプログラムを起動するなどの操作が行われる．このようにして，このボードだけで，MRI に必要なパルスシーケンスの生成が可能となっている [22]．

(b)　ダイレクトディジタルシンセサイザ (DDS) ボード

　DDS ボードの写真を，図 2.15 に示す．このボードは，ラーモア周波数の参照信号を発生するものであるので，高い周波数と位相の安定度，スペクトル純度などが要求される．それと同時に，永久磁石磁気回路の温度変化による共鳴周波数のドリフトに追従する必要があるため（NMR ロック [5]），PC から，出力周波数を制御できる必要がある．図 2.15 に示すボードは，これらの要求を満たすものである．

(c)　アナログーディジタル変換 (ADC) ボード

　ADC ボードの写真を，図 2.16 に示す．このボードは，2 チャンネルのアナ

第2章 ハードウェア（I）：総論

図 2.15 ダイレクトディジタルシンセサイザボード

ログデータを，同時に 14 ビットの分解能で，最高 $1\mu s$ のサンプリング間隔でディジタル化できるものである．コンパクト MRI においては，通常，$10\sim40\mu s$ のサンプリング間隔が使用されるののので，このボードは，充分な速度を備えている．また，32k ワードの FIFO メモリを搭載しているため，データサンプリングと並行して，PC からデータの読み出しが可能である．よって，データ収集と並行して画像再構成処理が可能であり，リアルタイムイメージングも実施可能である [23,24]．

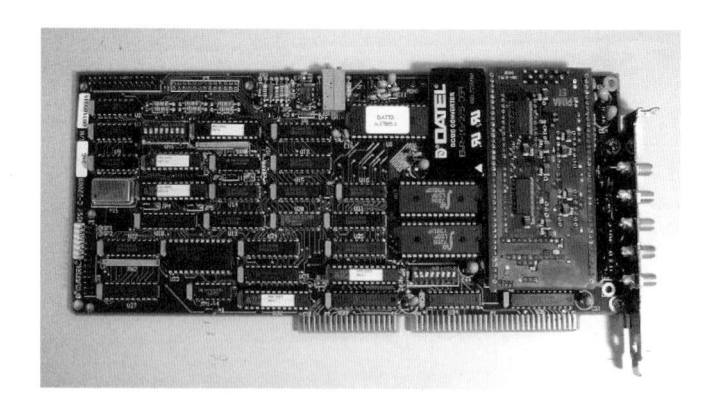

図 2.16 FIFO バッファ内蔵アナログ-ディジタル変換ボード

2.5 MRI コンソール

2.5.3 MRI トランシーバー

図 2.17 に MRI トランシーバーの内部構造を示す．この構造に従って，トランシーバーの動作を，以下に説明する．

まず，パルスプログラマからのディジタル信号によって，RF パルスの波形（90°，180°，選択励起，ハードパルスなど）データが選択され，トリガパルスにより，パルス波形のディジタルデータが ROM からクロックパルス (4μs) に同期して読み出され，DA 変換器でパルス波形が生成される．この波形と，DDS から入力された参照周波数が，ダブルバランスドミクサで混合され，ラーモア周波数の RF パルスが生成される．この RF パルスは増幅され，アッテネーター（減衰器）を通過することにより振幅調整が行われ，送信機に供給される．このときの RF 出力は，0dbm(1mW) 程度である．

いっぽう，プリアンプから入力された NMR 信号は，さらに増幅された後，アッテネーターでレベル調節が行われ，**直交位相敏感検波器** (quadrature phase sensitive detector: QPD) に入力される．QPD では，NMR 信号を 2 つに分割し，DDS からの RF 参照周波数を用いて，90°異なった位相でそれぞれ位相敏感検波を行うことにより，回転座標系における x' 成分と y' 成分を同時に検出することができる．これらの 2 つの信号は，FFT におけるエリアジングを防ぐためのローパスフィルタを通過し，AD コンバータへと出力される．

図 2.17　MRI トランシーバーの内部構造

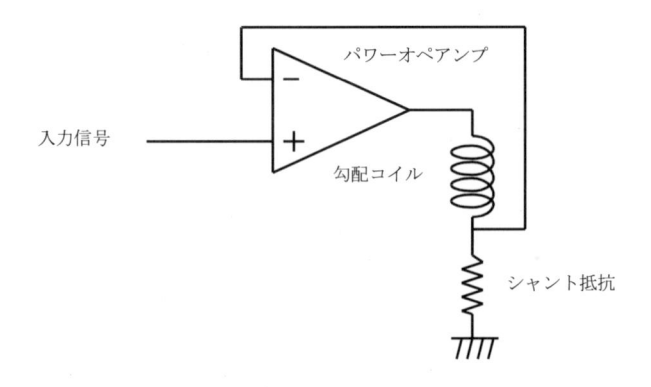

図 2.18　勾配磁場電源の出力回路（原理図）

2.5.4　勾配磁場電源

図 2.18 に，勾配磁場電源の出力回路を示す．このように，勾配コイルを定電流でドライブするために，勾配コイルに直列にシャント抵抗を入れ，この抵抗の両端に発生する電圧が，入力電圧に追随するように，出力電流が決まる回路となっている．

ただし，電流の立ち上がりの際には，勾配コイルの自己インダクタンス L による逆起電力に打ち勝って電流を流し込むための高い電圧が必要になるため，パワーオペアンプの出力電圧が不足する場合には，上記の回路は定電圧回路となってしまう．よって，勾配磁場の立ち上がりの時定数は，事実上，L/R（R は，出力回路の直流抵抗）で決まることが多い．したがって，勾配磁場の立ち上がり時間を速くするためには，勾配磁場電源の電圧を高くすると同時に，勾配コイルの自己インダクタンスを小さくする必要がある．

2.5.5　高周波送信機

MRI では，選択励起パルスを使用することが多いため，高周波送信機では，AB 級増幅回路が使用される．しかしながら，パルスが印加されない時には，送信機の出力は，完全にゼロでなければならないので，FET のゲート段に，深い負のバイアスを印加するなどの方法により，出力されるノイズを抑制している．

引用文献

[1] Sagawa M, Fujimura S, Togawa N, Yamamoto H, Matsuura Y. New material for permanet magnets on a base of Nd and Fe. J Appl Phys 1984; Vol.55, No.6:2083–2087.

[2] 井澤章. FONAR QED80α 導入の思い出. 日本放射線技術学会誌 2001; 第57巻:第3号.

[3] 青木雅昭, 吉野仁志. 永久磁石方式 MRI 装置 Aperto の開発. 電気学会論文誌 D 2004; Vol.124, No.4:426.

[4] 新医療 2004; 6月号:114.

[5] Haishi T, Uematsu T, Matsuda Y, Kose K. Development of a 1.0T MR microscope using a Nd-Fe-B permanent magnet. Magn Reson Imag 2001; 19:875–880.

[6] Halbach K, Design of permanent multipole magnets with oriented rare earth cobalt material. Nuclear instruments and methods 1980; 169:1–10.

[7] Zijlstra H. Permanent magnet for NMR tomography. Philips J Res 1985; 40:259–288.

[8] Leupold HA, Potenziani II E, Abele MG. Applications of yokeless flux confinement. J Appl Phys 1988; 64(10):5994–5990.

[9] Rose ME. Phys Rev 1938; 53:715.

[10] 宮本毅信, 桜井秀也, 高林博文, 青木雅昭. 永久磁石方式 MRI 用磁気回路の開発. 日本応用磁気学会誌 1989; Vol.13, No.2:465–468.

[11] Anderson WA. Electrical current shims for correcting magnetic fields. Rev Sci Instrum 1961; 241–250.

[12] 近角聰信. 強磁性体の物理(下) 1984; 裳華房.

[13] Turner R. A target field approach to optimal coil design. J Phys D:Appl Phys 1986; 19:147–151.

[14] Turner R. Gradient coil design:a review of methods. Magn Reson Imag 1993; 11:903–920.

[15] Jianming Jin. Electromagnetic Analysis and Design in Magnetic

第2章 ハードウェア(I):総論

Resonance Imaging 1998; CRC Press.
[16] Moon CH, Park CH, Lee SY, A design method for minimum-inductance planar magnetic-resonance-imaging gradient coils considering the pole-piece effect. Meas Sci Technol 1999; 10:N136-N141.
[17] 高橋秀俊. 電磁気学 1959; p.199. 裳華房.
[18] Martens MA, Petropoulos LS, Brown RW, Andrews JH. Insertable biplanar gradient coils for magnetic resonance imaging. Rev Sci Instrum 1991; 62:2639–2645.
[19] Houllt DI, Richards RE. The signal to noise ratio of the nuclear magnetic resonance. J Magn Reson 1976; 24:71–85.
[20] 巨瀬勝美, 拝師智之, 安立直剛. 超小型ポータブル MRI の開発. 固体物理 1999; 34巻3号:208–212.
[21] MRTechnology と New Mexico Resonance の共同開発のソフトウェア.
[22] Kose K, Haishi T. Development of a Flexible Pulse Programmer for MRI Using a Commercial Digital Signal Processor Board. Spatially Resolved Magnetic Resonance 1998, Edited by Blumler P, Blumich B, Botto R, Fukushima E, WILEY-VCH.
[23] Kose K, Haishi T, Caprihan A, Fukushima E. Real-time NMR image reconstruction systems using high-speed personal computers. J Magn Reson 1996; 124:35–41.
[24] Haishi T, Kose K. Real-time image reconstruction and display system for MRI using a high-speed personal computer. J Magn Reson 1998; 134:138–141.

第3章　ハードウェア（Ⅱ）：超並列型MRI

3.1　大量の試料の同時撮像

　大量の試料を，効率よく MR 撮像したいという要求が顕在化している．最も注目されているのは，突然変異マウスにおける遺伝子の発現解析への応用であり，これに関しては，具体的な取り組みが始められつつある [1]．また，大量のヒト胚子の三次元撮像においては，既に成果が上がっており [2]，薬剤の安全性試験，薬剤の効果判定への応用など，今後，有望な分野も考えられている．

　これらの要求に応えるためには，まず，1 台の MRI において撮像速度の高速化を追求し，試料のセッティングの自動化も含め，撮像の効率化を追求していく方法が考えられる．また，複数の MRI を設置し，複数のオペレーターにより，撮像の高速化を達成するアプローチも考えられる．ところが，1 台の MRI で，複数の試料を，同時に高速撮像できるとすれば，上記の要求に応えられるばかりでなく，このような MRI を複数使用することにより，さらに撮像の高速化を達成できることは明らかであろう．

　そこで，2000 年ごろより，1 台の MRI で複数の試料を同時に撮像する試みが報告され始め，これまでに，3 つの方式が提案されている．

　第一の方式は，図 3.1(a) に示すように，複数のサンプルを，1 個の RF コイルと 1 個の勾配コイルで撮像する方法である．実際，この方法で，1.5T の臨床用 MRI を用い，13 匹のマウスの同時に撮像した例が報告されている [3]．し

第3章 ハードウェア(II)：超並列型 MRI

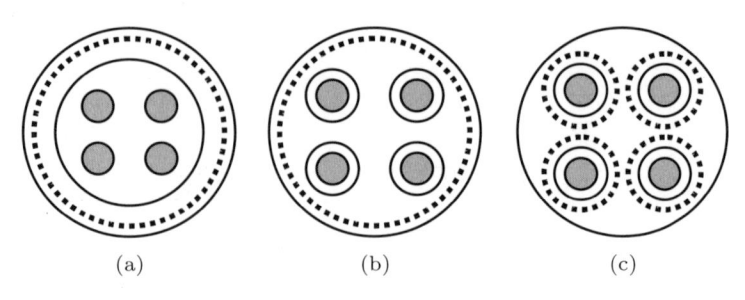

(a)　　　　　　　　(b)　　　　　　　　(c)

図 3.1　複数の試料を同時に撮像する方式

一番外側の円は超伝導磁石の室温ボア，破線の円は勾配磁場プローブ，その内側の実線の円は RF コイル，一番内側の灰色の円はサンプルである．

かしながら，明らかなように，この方法では画素あたりの SNR が乏しいため，応用はきわめて限定されたものとなる．

第二の方式は，図 3.1(b) に示すように，サンプルごとに最適化された RF コイルを用い，それらを取り囲む 1 個の勾配コイルを用いて，すべてのサンプルを同時に撮像する手法である [4]．この方法は，SNR の点では問題はないが，勾配コイルのサイズが大きいため，小さなサンプルに対して強力な勾配磁場を発生することが難しく，高速イメージングを実施することが困難であること，RF コイル間の干渉が存在するとゴーストが発生すること，などの問題点がある．

第三の方式は，図 3.1(c) に示すように，サンプルごとに最適化された RF コイルとその周囲の個別の勾配コイルを用いて，すべてのサンプルを同時に撮像する手法である [5,6]．この方式の最大の利点は，小口径の勾配コイルを用いることにより，強力な勾配磁場を高速にスイッチングすることができることである．このため，高速イメージングを容易に実現でき，並列化による高速化のメリットを活かすことができる．次の節で，この方式について，もっと具体的に説明しよう．

3.2　超並列型 MRI の特徴：並列型との比較

前の節で，複数の試料を同時撮像する方式として，SNR の点で問題のない方式は，図 3.1(b) に示す方式（この本では「並列型」と呼ぶ：臨床用 MRI では別

3.2 超並列型 MRI の特徴：並列型との比較

の意味で用いられている）と，図 3.1(c) に示す方式（**超並列型**）であることを述べた．この節では，これら2つの方式の長所と短所などを比較してみよう．

3.2.1 勾配コイルのドライブ電力の比較

この2つの方式で，最も異なるのは勾配コイルである．そこで，まず，勾配コイルのドライブ電力の勾配コイルサイズへの依存性を考察する．

勾配コイルの特性として，検討すべきものは，勾配磁場発生効率 (η)，インダクタンス (L)，直流抵抗 (R)，勾配磁場均一領域などである．勾配コイルの巻き線形状を一定としたとき，勾配磁場発生効率 η は，巻き数 n に比例し，コイルのサイズ（たとえば直径 a）の2乗に反比例する．すなわち，

$$\eta \propto na^{-2} \tag{3.1}$$

となる．インダクタンス L は，巻き数 n の2乗に比例し，コイルのサイズ a に比例する．すなわち，

$$L \propto n^2 a \tag{3.2}$$

となる．直流抵抗 R は，巻き数 n に比例し，コイルのサイズ a に反比例する．R が a に反比例するのは，コイルの線材の長さが a に比例し，線材の直径が a に比例すると仮定したためである．すなわち，

$$R \propto na^{-1} \tag{3.3}$$

となる．

以上の式より，一定の勾配磁場強度を得るために必要とされるスイッチング時の電力 P_t と，定常的な電力 P_s のサイズ依存性を計算することができる．

すなわち，一定強度の勾配磁場へのスイッチングに必要とされる電力は，

$$P_t = \frac{U}{\Delta t} = \frac{LI^2}{2\Delta t} \propto \frac{L}{\eta^2 \Delta t} \propto \frac{n^2 a}{n^2 a^{-4} \Delta t} = \frac{1}{\Delta t} a^5 \tag{3.4}$$

となる．ただし，Δt は，勾配磁場の立ち上がり時間である．ここで，$G = \eta I$ を一定としたことにより，η と I は，反比例するとした．いっぽう，一定強度の勾配磁場を定常的に発生するときの電力は，

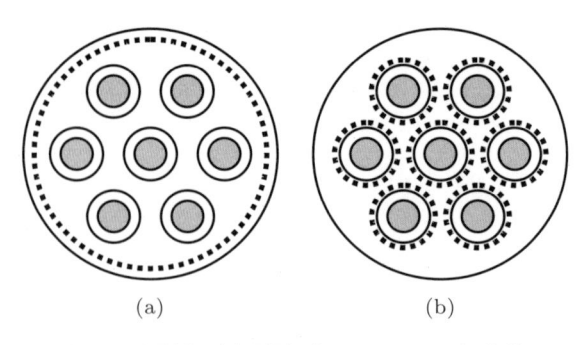

第3章 ハードウェア(II)：超並列型 MRI

図3.2 並列型と超並列型の勾配コイルサイズの比較
一番外側の円は超伝導磁石の室温ボア，破線の円は勾配磁場プローブ，その内側の実線の円は RF コイル，一番内側の灰色の円はサンプルである．(a) は並列型，(b) は超並列型．このスケールでは，勾配コイルの直径比は 11 対 3 であるので，スイッチングに要するパワーの比は $(11/3)^5/7$ で約 95 倍となる．

$$P_s = RI^2 = \frac{na^{-1}}{\eta^2} \propto \frac{na^{-1}}{n^2 a^{-4}} = \frac{a^3}{n} \tag{3.5}$$

となる．

　以上のように，一定強度の勾配磁場を得るために必要とされるスイッチング電力は，コイルのターン数に関係なくサイズの 5 乗に比例し，定常的電力は，ターン数に反比例し，サイズの 3 乗に比例する．これらの結果からわかるように，高速イメージングで高い空間分解能を実現するには，小さなサイズの勾配コイルを使用するのが，電力の点から非常に有利である．

　このスイッチング電力を，超並列型と並列型の MRI で比較する．1 個のサンプルに対して最適化された勾配コイルを駆動するための電力を P_0 とし，同時撮像するサンプル数を N とする．このとき，図 3.2 に示すようなサンプルの二次元的配置では，$N \propto a^2$ であるので，並列型では，

$$P_t^p = a^5 P_0 = N^{5/2} P_0 \tag{3.6}$$

となり，超並列型では，

$$P_t^s = N P_0 \tag{3.7}$$

となる．すなわち，電力は，サンプルの個数に比例して増加する．

3.2 超並列型 MRI の特徴：並列型との比較

スイッチング電力

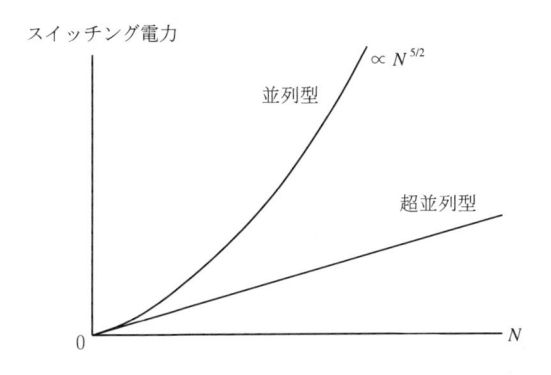

並列型 ∝ $N^{5/2}$

超並列型

N

図 3.3　勾配コイルのスイッチング電力のサンプル数に対する変化（二次元）

$N = 10$ の時に比較してみると，パワーの比は約 30 倍であり，N が増えると，その差は一層拡大する（図 3.3）．すなわち，小さなサンプルを，口径の大きな超伝導磁石を用いて多数撮像する場合には，個別に勾配コイルを備えるべきであり，この場合，N を増加させても，必要とされる電力は N に比例して増えるのみである．この方式は，100 個を超えるサンプルの撮像も実現可能な方式であり，従来の単純な並列型の MRI とは異なり，**超並列型 MRI(super parallel MRI)** と呼ぶにふさわしいものである [5,6]．

以上の議論では，勾配コイルを個々に装備したときに必要となるスペースや，勾配コイルの形状などは考慮していなかった．よって，与えられた均一静磁場空間に，どれだけの数の勾配コイルを実際に充填できるかは，技術的な問題である．これに関しては，3.3 節と 3.4 節で議論する．

3.2.2　位相エンコード法の比較

並列型と超並列型では，位相エンコードに対する考え方も異なる．すなわち，超並列型では，個々のサンプルに対して，勾配磁場（座標系）が，個々に決まっているのに対し，並列型では，すべてのサンプルに対して，勾配磁場（座標系）が共通である．よって，超並列型では，個々のサンプルが FOV の中心に来るような画像取得が可能なのに対し，並列型では，同様の位相エンコード方式では，図 3.4(a) に示すように，個々の RF コイルからの信号からはエリアジング

第 3 章 ハードウェア(II)：超並列型 MRI

(a)

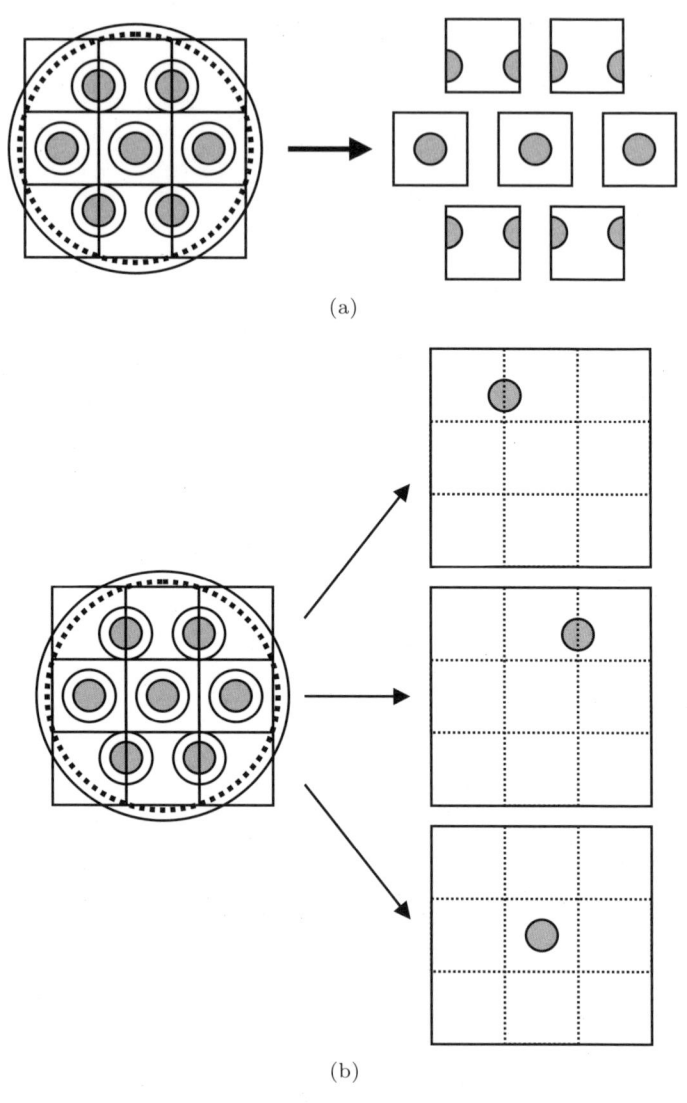

(b)

図 3.4 並列型 MRI における位相エンコード法
右に示す画像は，個々の RF コイルの NMR 信号から再構成される画像である．

された画像が得られる．ただし，これは，簡単な画像処理によって修正できるので，図3.4(b)に示すように，必ずしも全体サンプルをカバーするような位相エンコード法を用いて撮像する必要はない．

3.3 超並列型 MRI 用勾配コイル

　前の節では，並列型に比べ超並列型のほうが，勾配コイルをドライブする電力の点で，きわめて有利であることを述べた．すなわち，超並列型 MRI は，10G/cm 以上の勾配磁場を必要とする高分解能撮像（MR マイクロスコピー）や，多数のライブマウスを対象として高速イメージングを行う場合には，不可欠な手法と言えよう．

　ところが，超並列型 MRI において，いかにして多数の勾配コイルを作成するかということは，非常に大きな技術的テーマである．この節では，静磁場に垂直な開口をもった超並列 MRI 用勾配磁場コイル（**横磁場型勾配コイル**：transverse gradient coil assembly）と，静磁場に平行な開口を持った超並列 MRI 用勾配磁場コイル（**縦磁場型勾配コイル**：longitudinal gradient coil assembly）の構成方法，製作例を紹介する．

3.3.1 横磁場型超並列 MRI 用勾配コイル

　化学固定した試料などのように，試験管に入ったサンプルの場合には，静磁場に垂直な軸をもつソレノイドコイルを使用することにより，他の形状の RF コイルよりも高い SNR（2〜3倍）を実現することができる．よって，勾配コイルも，ソレノイドコイルを使用することを前提として製作すべきである．このような場合，図3.5に示す勾配磁場プローブを，図3.6のように静磁場方向に並べることにより，超並列型勾配磁場プローブを構築することができる．

　図3.5に示す勾配磁場プローブは，本来，永久磁石磁気回路のために作製したものであり，図3.5(a)に示すように，プローブの中心に RF コイル（ソレノイドコイル）が固定してある．そして，RF コイルを取り囲む RF シールドボックス（アルミチャンネルと真鍮板で構成）の両サイドに，図3.5(b)に示すような x, y, z の3チャンネルの平面状の勾配コイルを貼り付けた構造をもつ．こ

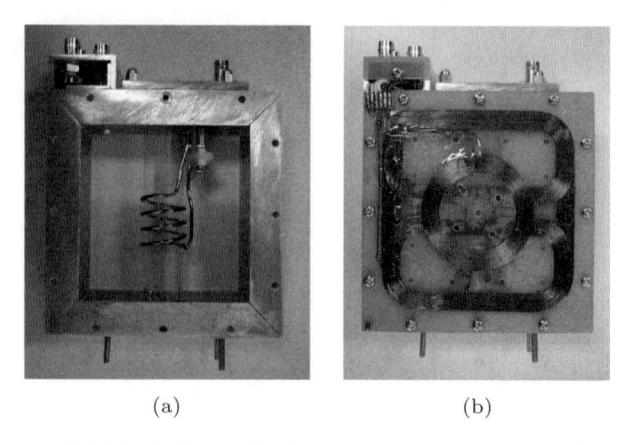

第3章 ハードウェア(Ⅱ)：超並列型 MRI

図 3.5　横磁場型超並列 MRI 用勾配コイルのユニットとなる勾配磁場コイル
正面（静磁場方向）から見た図（左）と内部の RF コイル（右）．

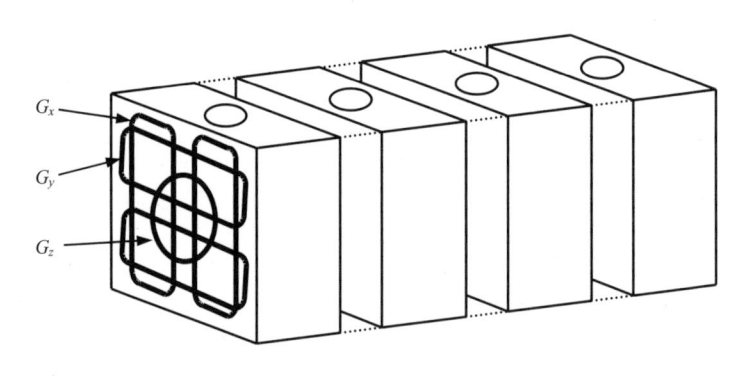

図 3.6　横磁場型超並列 MRI 用勾配コイルアレイ（一次元）

の勾配コイルを，図 3.6 のように，z 方向に並べることにより，各撮像領域にリニアな勾配磁場が発生する．この仕組みを，図 3.7 を用いて説明しよう．

　図 3.7 は，図 3.5 に示すユニットを 4 個×2 列並べた勾配磁場プローブアレイの中央の水平断面を示す．図 3.7(a) は，G_z コイル (Maxwell コイル) の電流の向きを示し，図 3.7(b) は，G_x コイル（平行 4 線コイル）の電流の向きを示す．図 3.7(a) の上側中央に示すように，G_z コイルは，その両側の最近接の撮像領域（円で表示）に，勾配磁場を作り出すための磁場を発生する．よって，

48

3.3 超並列型 MRI 用勾配コイル

(a)

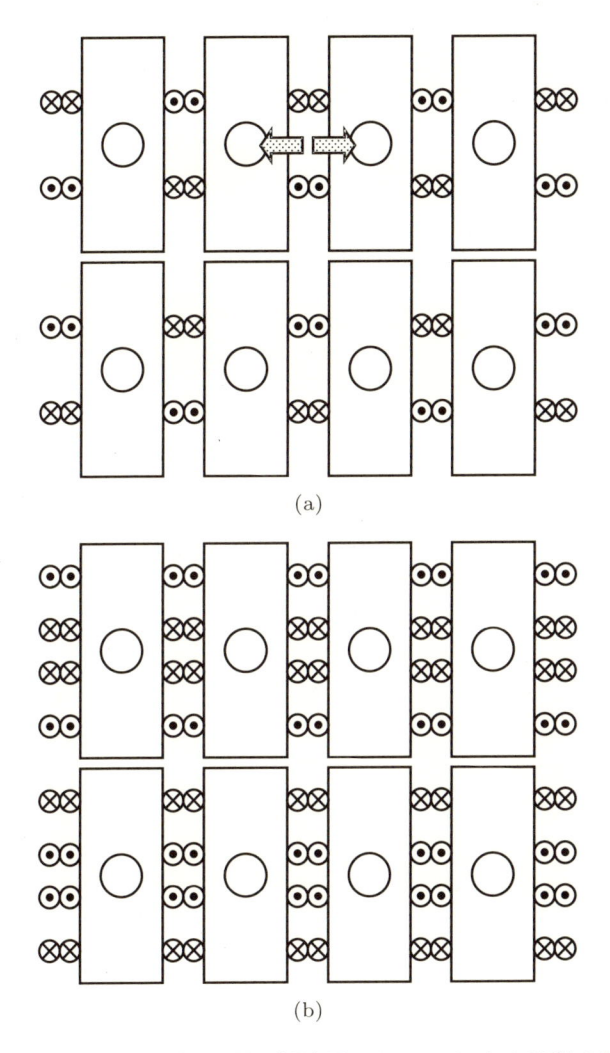

(b)

図 3.7 横磁場型超並列 MRI 用二次元勾配コイルアレイにおける電流の向き
(a) は Maxwell ペア (G_z), (b) は平行 4 線コイル (G_x).

すべてのコイルを同時に動作させても，各撮像領域にはリニアな勾配磁場が発生する．図 3.7(b) も同様で，各勾配コイルは，その両側に，勾配磁場を作り出すための磁場を発生する．よって，G_z コイルと同様に，コイルを同時に動作させても，各撮像領域にはリニアな勾配磁場が発生する．

49

第3章 ハードウェア(Ⅱ): 超並列型 MRI

(a)

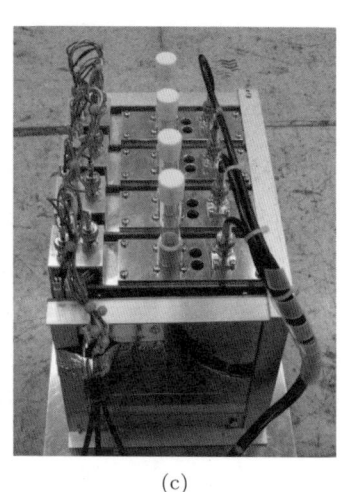

(b) (c)

図 3.8 横磁場型超並列 MRI 用勾配コイルアレイ
(a) 臨床用超伝導磁石対応．(b), (c) 動物実験用超伝導磁石対応．

以上のコイル配置において，両端のプローブの撮像領域は，端の効果のために勾配磁場強度が中央部分と異なるため，両端には，複数のコイルエレメントが配置されている．

さて，隣接したコイルの影響が大きいのは，勾配磁場プローブユニットを一次元に配置した場合だけであり，二次元，三次元に配置した場合に，影響を考

慮しなければならないのは，z方向に隣接したコイルだけである．よって，図3.7に示したように，二次元的な配置も可能であり，さらに，これを上下に重ね合わせた，プローブユニットの三次元的配置も可能である．

図3.8に，実際に製作した，マルチチャンネルアレイプローブを示す．図3.8(a)は，静磁場強度1.5Tの臨床用MRIで使用するために開発した8チャンネルプローブであり，図3.8(b), (c)は，静磁場強度2.34T，室温開口径40cm，静磁場均一領域16cm球の動物用MRIの超伝導磁石で使用するために開発したものである[6]．なお，これらを使用して撮像した画像は，3.5節で紹介する．

3.3.2 縦磁場型超並列MRI用勾配コイル

超伝導磁石の開口の中に挿入するマウスのように，試料の挿入方向と静磁場が平行となる場合には，RFコイルとしてソレノイドコイルは使用できず，勾配コイルも，前の節で述べたものとは異なる．この場合，勾配コイルの基本的な形状は，円筒上に配置した，MaxwellコイルとGolayコイルであるが，複数のコイルを配置する場合には，電流の共通部分を活用することにより，図3.9に示すものが提案されている[7]．

図3.9(a)に示すのは，静磁場に垂直な面内における，静磁場に直交する方向（x方向とする）の勾配磁場を発生するコイルの電流分布である．矢印は電流の向きを表し，円形の領域は撮像領域を表す．この電流分布を，静磁場方向に一定間隔で配置することにより，図3.9(a), (b)に示す領域に線形の勾配磁場を生成する．なお，電流のリターンの部分を活用し，z方向に同じ電流パターンを繰り返すことにより，z方向に複数の撮像領域を生成することも可能である．また，この電流分布を90°回転させることにより，y方向の勾配磁場を生成することができる．

図3.10には，静磁場に垂直な面内における，静磁場方向（z方向）の勾配磁場を発生するコイルの電流分布を示す．図3.9と同様に，矢印は電流の向きを表し，円形の領域は撮像領域を表す．この電流分布と，これと逆向きの電流分布をz方向に配置することにより，Maxwellペアと同様の原理で，z方向の勾配磁場を発生する．

図3.9と図3.10に示した勾配コイルを試作した例を図3.11に示す．このよ

第 3 章 ハードウェア(II)：超並列型 MRI

(a)

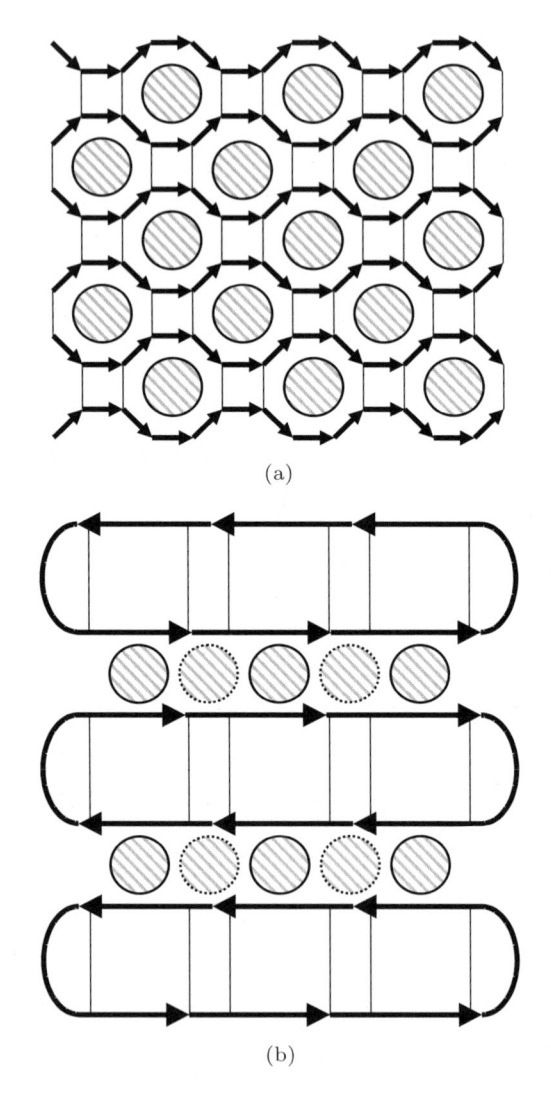

(b)

図 3.9 縦磁場型超並列 MRI 用勾配コイルの構造 (G_x)
(a) は xy 面内での電流分布．(b) は xz もしくは yz 面内での電流分布．

3.3 超並列型 MRI 用勾配コイル

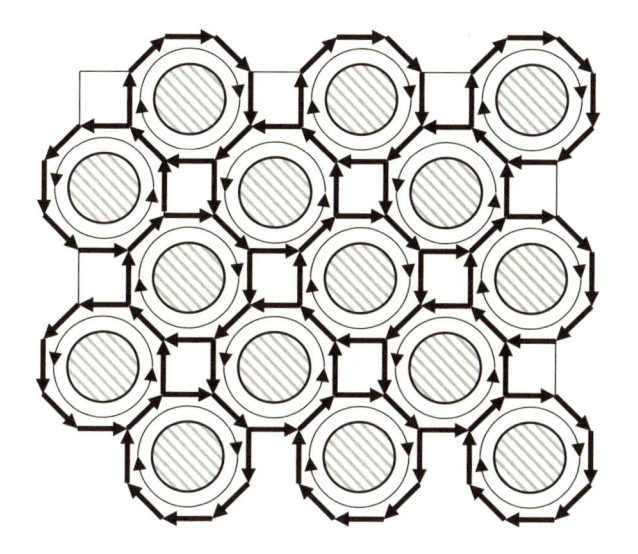

図 3.10 縦磁場型超並列 MRI 用勾配コイルの構造 (G_z)

図 3.11 縦磁場型超並列 MRI 用勾配コイルの試作例

53

うに，この勾配コイルでは，試料の挿入方向と静磁場が平行であり，RF コイルとしては，サドル型コイルやバードケージ型コイルを使用することを前提としている．

3.4 マルチチャンネルトランシーバー

前の節で示したマルチチャンネル勾配コイルは，いずれも，すべての勾配コイルを同時に駆動することを前提として開発されており，RF 励起と NMR 信号受信も同時に並行して行う．よって，この操作を実現するためには，図 3.12 に示すようなエレクトロニクスが必要である．

図 3.12 において，勾配コイルはすべて同時に駆動するので，通常の MRI トランシーバーと同様に，勾配コイルの波形信号は，x, y, z の 3 チャンネルのみである．ただし，送受信系は完全に独立させ，しかも完全に並列して動作させるため，以下のような設計となっている．

まず，送信系は，1 台の送信機のパワーを分割する方式では，プローブの送受信切り替え回路等におけるチャンネル間の干渉を完全に回避することは困難であるため，送信機は，各チャンネル独立としている．よって，励起 RF パルス信号の分割は，送信機の入力の前段で行っている．また，受信系も，プリアンプ以降，すべて，チャンネル毎に独立した回路を設けることにより，受信チャンネル間の信号の干渉を極力排除している．

図に示すように，データ収集系も完全に独立しているが，8 チャンネル程度であれば，1 台の PC で制御することは可能である．ただし，これ以上チャンネル数が増加し，大量の試料を撮像する場合には，RF パルスの調整（90°条件の設定など）や，AD 変換入力信号に対する振幅調整などの操作が膨大になるために，複数台の PC を使用するばかりでなく，これらのプロトコルを自動化する必要もあろう．

図 3.13 に，4 チャンネルのトランシーバーを組み込んだ，4 チャンネルの MRI コンソールを示す．このように，4 チャンネル程度であれば，コンパクトに実装することも可能である．

3.4 マルチチャンネルトランシーバー

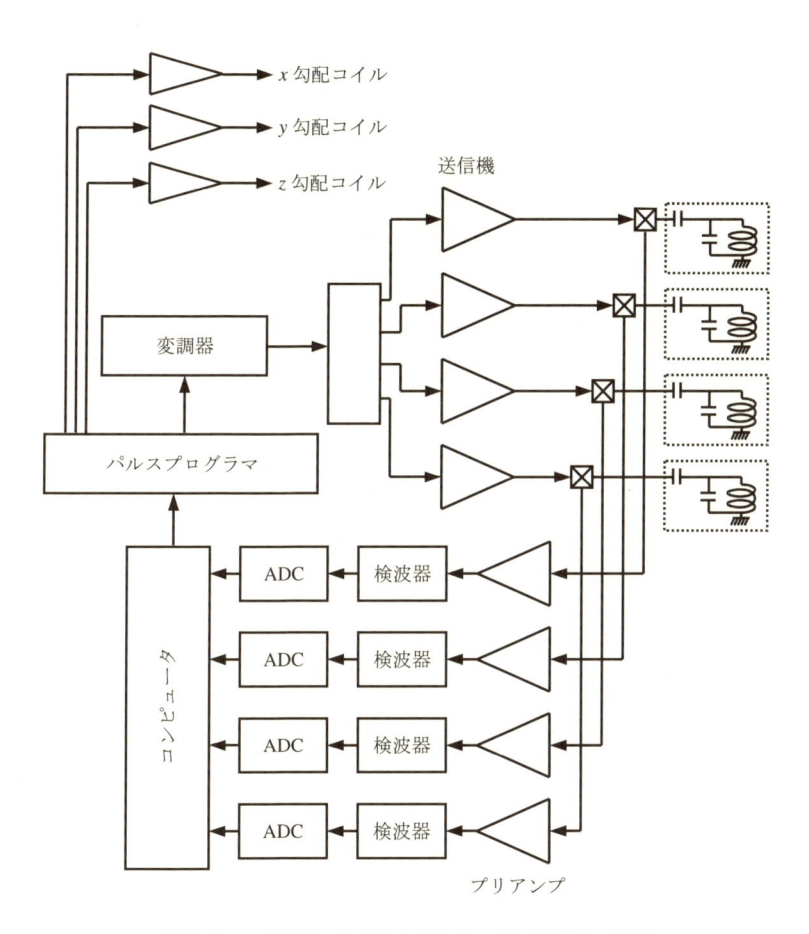

図 3.12 マルチチャンネルトランシーバーのブロック図

第 3 章 ハードウェア(II):超並列型 MRI

図 3.13 4 チャンネルのトランシーバーを組み込んだ MRI コンソール（前方右）
ラック内には，上段より，ディジタル制御系を納めた PC，4 チャンネルトランシーバー，3 チャンネル勾配磁場電源，8 チャンネル RF 送信機が収納されている．

3.5 撮像結果

3.5.1 横磁場型超並列 MRI による撮像結果

(a) 4×2 アレイプローブによる撮像結果

図 3.8(a) に示す 4×2 アレイプローブを，1.5T の臨床用 MRI の均一な静磁場の中に入れ，勾配コイル全体を同時にドライブしながら，1 チャンネルごとに水ファントムを撮像した結果を図 3.14 に示す．このように，各勾配磁場発生位置において，リニアな勾配磁場が発生していることが確認される．

ところが，これらの図からわかるように，両端の撮像領域における画像のサイズは，内側の撮像領域における画像のサイズとやや異なる．すなわち，x 方向（図中で上下方向）のサイズは，ほぼ同じであるが，z 方向（図中で左右方向）のサイズは，内側の画像が外側の画像よりも 10% 程度短い．また，試験管

3.5 撮像結果

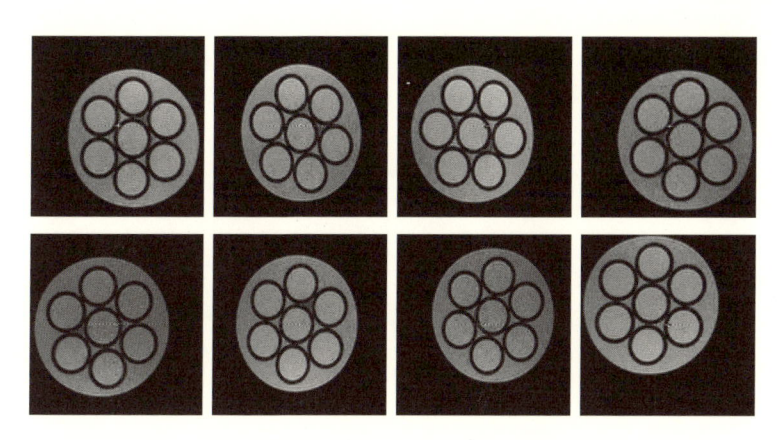

図 3.14　4 × 2 アレイ型勾配コイルにおける各撮像位置でのファントム画像
上に示す画像の位置は，図 3.7(a) に示すプローブにおける各撮像位置に対応．図中で，左右は z 方向，上下は x 方向である．TR = 100ms，TE = 16ms の 2DSE 法で撮像．スライス厚 2mm，画像マトリクスは 128×128，画素サイズ $135\mu m$ 平方．

は，撮像領域の中心部で撮像しているにもかかわらず，上段の両端では右側に寄り，下段の両端では左側に寄っている．これは，内側の撮像領域は，第二最近接の勾配コイルまで含めて対称であるのに対し，両端の撮像領域は，第二最近接の勾配コイルに関しては非対称で，しかも，図 3.7(a) に示すように，2 つの直列のコイル列に関して，勾配コイルの電流の向きが逆になっているためである．

　図 3.15 は，8 チャンネルの MRI コンソールを用い，同時に 8 体の化学固定されたマウスの胎児を三次元撮像した画像である．チャンネルごとの SNR は大きく異なっているが，各チャンネルの試料の信号が，互いに干渉することなく，同時に独立して撮像されていることがわかる．なお，各チャンネルの SNR が大きく異なるのは，高周波回路の不安定性によるものである．

(b) 4 列アレイプローブによる実験結果

　図 3.8(b)，(c) に示す 4 チャンネルアレイプローブを，2.34T の動物用 MRI の均一な静磁場の中に入れ，図 3.13 に示す 4 チャンネルの MRI コンソールを用いて同時に 4 体のヒト胚子を撮像した結果を図 3.16 に示す．このように，複数の試料が，安定に同時に撮像できることがわかる [6]．

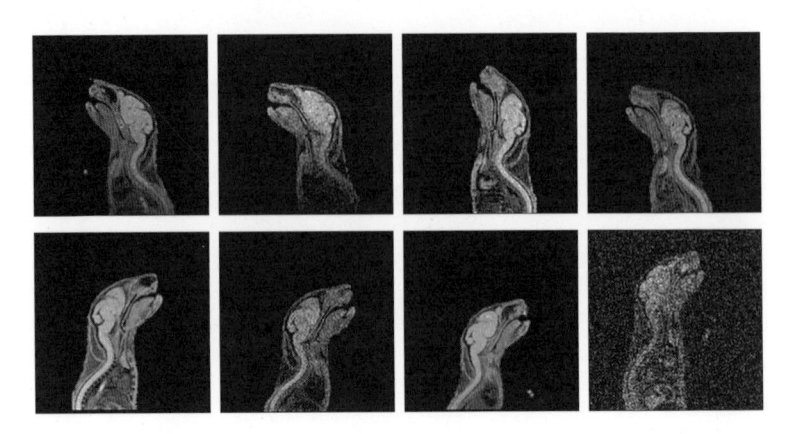

第 3 章　ハードウェア(II)：超並列型 MRI

図 3.15　4×2 アレイ型勾配コイルにより同時撮像した化学固定マウス画像
TR = 100ms, TE = 12ms の 3DSE 法で撮像したデータより切り出した中央断層. 画像マトリクスは 128^3, 画素サイズは $(200\mu m)^3$.

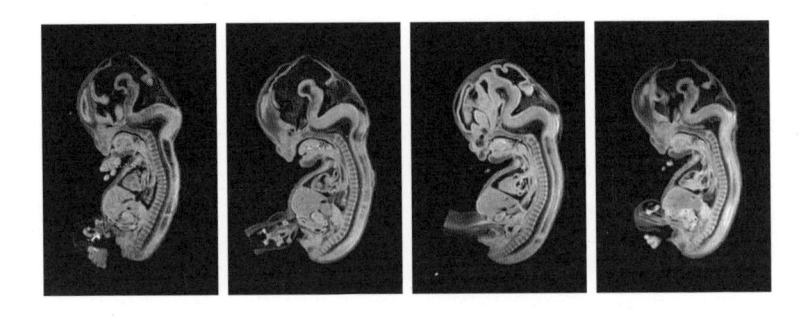

図 3.16　4 チャンネル横磁場型勾配コイルにより同時撮像したヒト胚子画像
画像視野は $15.36 \times 15.36 \times 30.72$mm, 画像はマトリクス $128 \times 128 \times 256$, 画素サイズ $(120\mu m)^3$. NEX = 16. 計測時間 7.5 時間. 試料は京都大学塩田浩平教授提供.

3.5.2　縦磁場型超並列 MRI による撮像結果

図 3.17 は，図 3.11 に示す縦磁場型 8 チャンネル勾配磁場コイルを使用し，1 チャンネルごとに，鞍型 RF コイルを用いて撮像したファントム画像である．このように，各チャンネルにおいて，勾配磁場の発生効率は異なるが，個々の撮像領域に，MR 撮像に適した勾配磁場が発生していることがわかる [7].

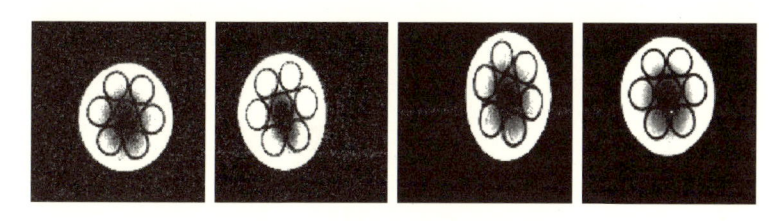

図 3.17 縦型勾配コイルにおける各撮像位置でのファントム画像
TR = 100ms，TE = 7ms の 3DSE 法で撮像した三次元データより切り出した中央断面．画像マトリクスは，128 × 128 × 128，面内画素サイズは，240μm × 200μm．

引用文献

[1] Henkelman RM et al. Overview of small animal imaging methods. ISMRM weekend educational course "MRomics", Kyoto, 2004.

[2] Matsuda Y, Ono S, Handa S, Haishi T, Kose K. MR microscopy of a large human embryo collection (Kyoto collection) to create a 3D image database for human embryology. Proceeding of the Annual Meeting of the ISMRM, 2004; p.61.

[3] Xu S, Gade TPF, Matei C, Zakian K, Alfieri AA, Hu X, Holland EC, Soghomonian S, Tjuvajev J, Ballon D, Koutcher JA. In vivo multiple-mouse imaging at 1.5 T. Magn Reson Med 2003; 49:551–557.

[4] Bock NA, Konyer NB, Henkelman RM. Multiple-mouse MRI. Magn Reson Med 2003; 49:158–167.

[5] Kose K, Haishi T, Matsuda Y, Anno I. Super-Parallel MR Microscope. Proceedings of the Annual Meeting of the ISMRM, 2001; p.609.

[6] Matsuda Y, Utsuzawa S, Kurimoto T, Haishi T, Yamazaki Y, Kose K, Anno I, Marutani M. Super-parallel MR microscope. Magn Reson Med 2003; 50:183–189.

[7] Matsuda Y, Haishi T, Utsuzawa S, Kose K. Harmonic gradient coil for parallel MR microscopy. Proceeding of the Annual Meeting of the ISMRM, 2004; p.745.

第4章　プロセス計測用MRI

4.1　はじめに

　化学工業により原料を望まれる物質に変化させ,付加価値の高い製品が生み出されている.この変化の過程では,化学反応や転化,吸収・放出,凝縮・蒸発などの物質の状態を変化させる操作が行われており,この操作を**プロセス (process)** と呼ぶ.望まれる物質を安全に,安定して,経済的に作り出すためには,操作の過程で物質がどのような状態にあるかを常に把握する「**プロセス計測 (process measurement)**」が不可欠となる.ある操作下の物質状態を定量的に示す計測量として具体的には,温度,圧力,流量,濃度,界面位置などがあげられる.さらに,プロセスによっては,光の散乱状態,色,粘度なども付加的な計測量となり得る.これらの中で,温度や圧力などは計測センサや計器が広く普及し,比較的簡便に,安定して計測することができるようになった.しかし,濃度を迅速に安定して計測することや,気液界面位置や気液固三相の界面位置を計測することなどは本質的に強い三次元空間分布をもつために今だ十分に計測できているとはいいにくい.

　このようなプロセス計測にMRIの適用が試行されている.MRI計測では,**濃度 (concentration)・密度 (density)** を三次元的に把握できるという優位性があり,加えて,**分子拡散 (molecular diffusion)** や**移流 (advection)** による**物質移動 (mass transfer)** の計測や,核磁気共鳴に特有の T_1, T_2 緩和時定数 (T_1, T_2

第 4 章　プロセス計測用 MRI

relaxation times) を物質の状態と関連させて計測できるという特徴もある．このような MRI の優位性をプロセス計測に適用して，次にあげるような工程に利用しようという試みがなされつつある．

(A) 製造過程での現象計測：高品質な製品を安定して効率的に製造するための製造法を開発する際に，操作過程で生じている現象を計測し，製造法の最適化を図るために MRI 計測法を用いる．

(B) プロセスモニタリング：操作中に物質がどのような状態にあるのか，物質の変化の経過を時々刻々と計測し，最適操作条件へと制御するために MRI 計測法を用いる．

(C) 品質管理：製品を非破壊検査し，高品質の製品を維持・管理するために MRI 計測法を用いる．

　この章では，MRI により上記 (A)〜(C) にあげたプロセス計測を行うことを最終目標に見据え，永久磁石を用いたシステムの構築事例を示す．まず，4.2 節では，種々の MRI 計測システムを構築・使用した経験をもとに，永久磁石を用いたシステムの利点と欠点について述べる．そして，実際に永久磁石を用いて MRI 計測システムを製作し，(A)「製造過程での現象計測」に MRI を適用した事例として，「クラスレート水和物生成過程でのガス貯蔵密度分布計測」について 4.3 節で紹介する．

　また，小型で可搬性のある MRI 装置は，実験室という限られた計測環境から屋外や製造現場などのプロセス計測を必要とする現場に持ち出すことを可能とする．しかし，その現場での MRI 使用は装置寸法や総質量の制限をはじめとして，磁場・電磁波強度の制限が程度の差はあれ，必ず考慮すべき項目としてあげられる．これらの制限事項が最も厳しく制限されている環境の 1 つとして航空機があろう．本章には，「航空機搭載用コンパクト MRI 計測システム」についても 4.4 節で紹介し，種々の制限がある中で制限をクリアするための対処法や実際にシステムを構築した事例を紹介する．この事例は，MRI を (B)「プロセスモニタリング」および (C)「品質管理」を行う計器として工場内に設置する際の 1 つの参考事例となるであろう．

4.2 永久磁石を利用した MRI 計測システムの利点と欠点

　第1章でも述べられているように，永久磁石を用いた MRI 計測システムは超伝導磁石のシステムに比べて，小型・コンパクトであり，漏洩磁場の低減と設置面積の省スペース化に優位性がある．さらに，プロセス計測に適用した場合には，多様なプロセス装置や設置環境の制限に対して柔軟に対応できるという永久磁石がもつ自由度の大きさが優位性としてある．以下には，プロセス計測での永久磁石の優位性について列挙する．

(i) プロセス装置に応じた寸法・形状で製作できる

　　プロセス装置内に注入された原料は状態を変化させるために昇温・昇圧だけでなく，撹拌・混合など種々の操作が加えられる．プロセス装置では，それらの操作が確実に行えるように設計・製作されている．磁石の形状や寸法は，このプロセス装置の操作を阻害しないように決められなければならない．さらに，バッチシステム，フローシステムに関わらず，プロセス装置には原料注入や生成物抽出のための配管やバルブがあり，配管の取付け・取外し作業やバルブ操作が確実に行えるようにアクセスする空間も磁石には必要である．また，プロセス装置内部の様子を直接目で観察しながら原料注入や撹拌操作を行う場合にはプロセス装置の側面には内部観察窓があり，観察できるように磁石にも開口部が必要となる．このような磁石への仕様を満たすには，磁石の寸法や開口部・アクセス方向などがプロセス装置に応じて柔軟に設計できなくてはならない．

　　永久磁石は超伝導磁石に比べて低価格であり，設計の自由度も高い．この柔軟性を十分に活用できる永久磁石だからこそ，プロセス装置に応じた磁石寸法・形状を製作することで，最適なプロセス計測システムを構築することが可能となる．

(ii) 磁場，電磁波とシステム全体の寸法，総質量の制限への対処が可能

　　MRI 装置から放出される電磁波や漏洩する磁場がプロセス装置だけではなく，その周囲にある他のプロセス装置や計器に影響を及ぼす可能性がある．このため，MRI の設置環境によっては磁場・電磁波強度に一定の制限が設けられている場合がある．そのような状況下であってもその制限を

第4章 プロセス計測用 MRI

クリアできるように磁石と磁気・電磁波シールドを製作することで対処できる．また，システム寸法・総質量も必要最小限の仕様と機器構成でシステムを柔軟に構築することで制限に対処することができる．

(iii) 可搬性が高い

被計測物と計測量を必要最小限に限定してコンパクトなシステムを構築すれば，屋外へ搬出可能な MRI 計測システムができる．このシステムにより，動植物が生息している地域でのその場計測や，地質調査・環境調査に MRI を利用することができる．

一方，MRI をプロセス計測に用いる際の欠点・制限もある．それらの一般的事項として以下の項目があげられよう．

・磁石内に挿入するプロセス装置および配管類はすべて非磁性材料 (SUS316, 銅，真鍮，アルミニウムなど) で製作する必要がある．

・被計測物と RF 受信コイルの間には導電性材料が使用できない．アクリルなどの高分子材料，ガラス，セラミックスなどは使用できる．

・電磁ノイズを低減させるために RF 受信コイルの外周には電磁波シールドを施す必要がある．薄い銅板，真鍮板，銅網などを使用する．

・磁場・電磁波が他の計器・装置に影響を及ぼすことは一般に非常にまれであるが，懸念事項として考慮し，模擬磁石や発信機を用いた予備試験を行う必要がある．

これらの利点と欠点を十分に吟味して，プロセス計測に MRI を適用することが重要である．以下では 2 つの具体的事例をあげて，プロセス計測への適用法を述べる．

4.3 クラスレート水和物内のガス貯蔵密度分布計測への適用 [1]

3℃程度に冷却した水とゲストガスを耐圧容器内に注入し，0.3MPa 程度に加圧して攪拌すると結晶構造をもつ**クラスレート水和物** (gas hydrate, 以下では，水和物と略す) に転化する．この水和物の産業応用の試案として，**天然ガス** (natural gas) と水を混合して水和物に転化し，水和物を輸送・貯蔵すれば，従来の高圧ガス貯蔵や液化貯蔵に比べて安全性・経済性が向上するという提案が

4.3 クラスレート水和物内のガス貯蔵密度分布計測への適用

ある [2,3]．この水和物利用を現実的な手段とするには，水和物の生成速度を速くし，かつ，微細粒子状の水和物結晶と水の混相状態にある**水和物塊** (hydrate mash) に残存する水を可能な限り少なくして，高いガス貯蔵密度の水和物を生成する操作方法を確立しなければならない．この操作方法を開発する手段として，模擬的なプロセス装置を試作し，高密度な水和物を急速に生成させるための装置構造と操作方法を試行・改良しながら見出す方法があろう．その開発過程では，装置内部の水残存量，言い換えれば，**ガス貯蔵密度** (gas-storage ratio) をモニタリングして，プロセス装置内で生じている現象と水和物塊の状態および操作方法とを対応させて生成法の評価を行う必要がある．この水和物塊のガス貯蔵密度のモニタリングに MRI を用い，ガス貯蔵密度の空間分布を定量的に計測する．

ここでは，模擬的な水和物生成用プロセス装置として，MRI 計測が行え，同時に装置内部の水和物の様子を観察できるように，ガラス円筒容器と非磁性ステンレス材料で製作した水和物生成用耐圧試験容器（設計耐圧 1.0MPa，最低使用温度 -5℃，内容積 1.2 リットル）と MRI 計測システムについて記述する．また，MRI を用いて水和物塊内部の T_1，T_2 緩和時定数の計測法とガス貯蔵密度分布を定量的に算出する方法について紹介する．

4.3.1 MRI 計測が可能なクラスレート水和物生成装置

水和物生成法は，容器下部から水中に微細径のゲストガスを注入し，容器内を攪拌翼で混合できる「バブリング・攪拌法」とした．図 4.1 に用いた水和物生成装置と MRI 計測システムの概略図を示す．図中左側には，磁場を発生させる磁気回路，クラスレート水和物を生成させるバブリング・攪拌耐圧試験容器，ゲストガス供給系，容器内温調装置が示され，図中右側には MRI 計測装置が，図中下部には光学計測システムが示されている．耐圧試験容器は永久磁石内に設置され，耐圧容器内で生成した水和物は MRI により計測されると同時に，容器外からの CCD カメラにより観測される．以下に各構成要素の詳細を述べる．

(a) 磁気回路

磁場強度が 0.3T，磁石間隔が 170mm の四本柱型磁気回路を用いた．磁石

第 4 章 プロセス計測用 MRI

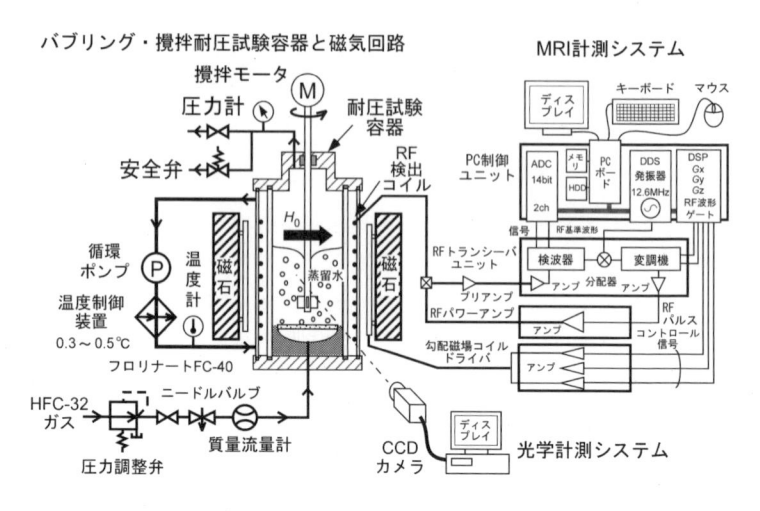

図 4.1 水和物生成装置と MRI 計測システムの概略図

の写真を図 4.2 に示す．この型の磁石は四隅にのみ支柱があり，磁石内部へのアクセスがしやすいという特徴がある．主磁場方向は水平方向を向いて置かれている．磁気回路は永久磁石を使用しており，磁石寸法は高さ 726mm，横幅 406mm，奥行き 726mm，質量は 700kg である．磁場の均一性は直径 70mm の球内で 7.4ppm である．計測時には，磁石周囲を断熱材で覆い，磁石温度の変動を低減させている．

(b) バブリング・撹拌耐圧試験容器

耐圧試験容器は，0.3T という強磁場下に置かれても磁場を歪めることなく，さらに外部からの光学的計測も可能なようにパイレックスガラス製円筒と非磁性ステンレスフランジ (SUS316) により製作した．図 4.3 には最上部の撹拌用モータも含め，磁石とその内部の耐圧試験容器の写真を示した．図 4.4 には耐圧試験容器の詳細構成図を，図 4.5 にはその写真を示した．

パイレックスガラス円筒の内径は 70.4mm，肉厚は 6mm であり，その外側に内径 100mm，肉厚 10mm の透明アクリル円筒で覆って二重円筒とし，それらを上下のステンレスフランジにて間隔 330mm で密閉した．この容器の設計耐圧は $-5℃$ で 1.0MPa である．容器内圧力は容器上部側面に設置された圧力トランスデューサ (Setra systems, 280E) により計測され，記録 (横河電機，

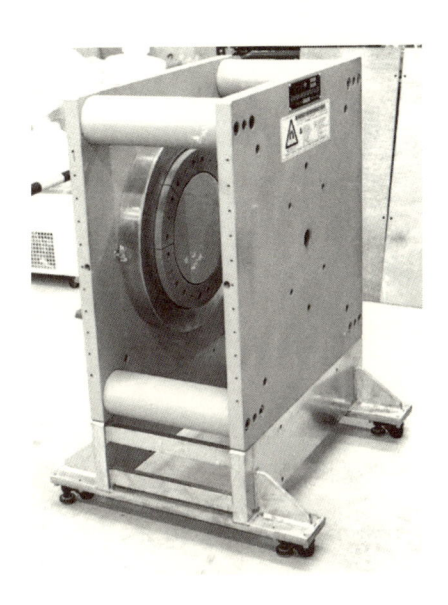

4.3 クラスレート水和物内のガス貯蔵密度分布計測への適用

図 4.2 四本柱型磁気回路

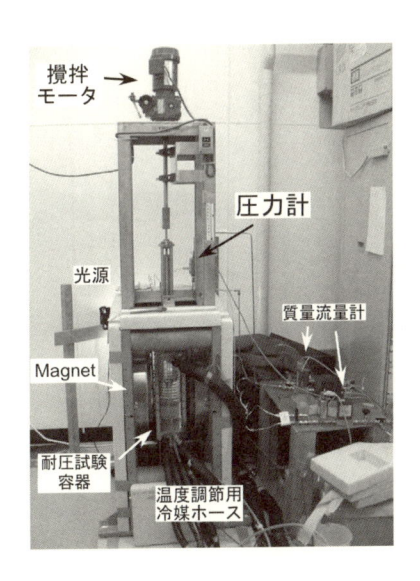

図 4.3 磁石とその内部に設置された耐圧試験容器

第 4 章 プロセス計測用 MRI

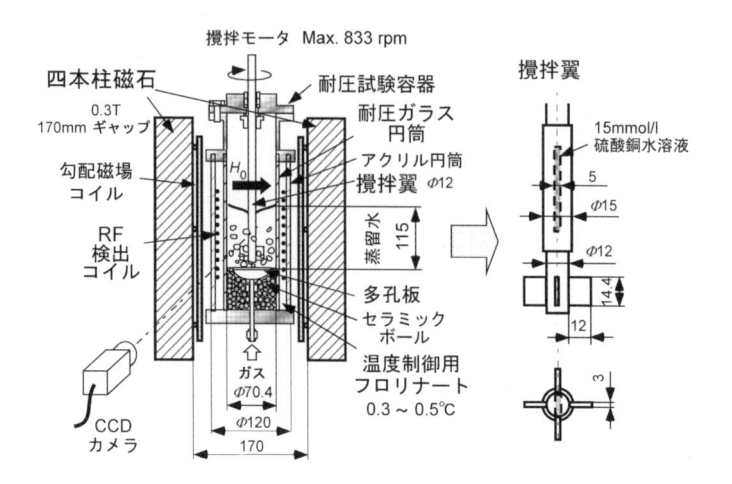

図 4.4 耐圧試験容器の詳細構成図

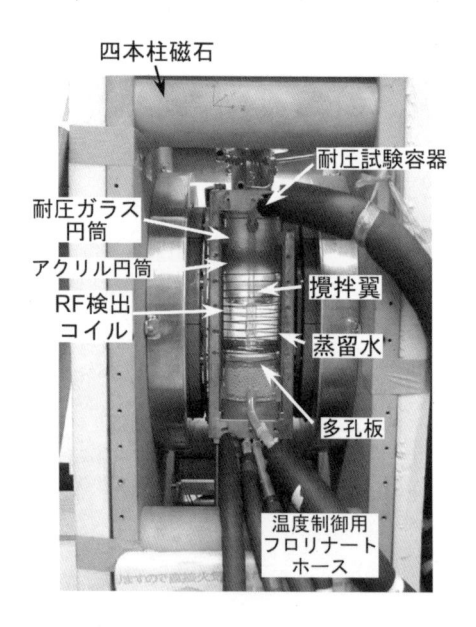

図 4.5 耐圧試験容器の写真

4.3 クラスレート水和物内のガス貯蔵密度分布計測への適用

MV112) される．圧力トランスデューサは磁場中心から 1m 程度の距離を置けば，正常に動作することを確認した．

耐圧試験容器の温調は，耐圧容器の二重円筒容器の隙間に**フロリナート** (Flourinert, 3M 社製 FC-40) を循環させ，フロリナート温度を調整することで容器温度を 0.3〜0.5℃に保持した．フロリナートは炭化水素をフッ素置換した物質で，常温では無色透明の液体である．このフロリナートには水素原子が含まれないために MRI 計測にじょう乱を与えることなく使用できる利点がある．

微細径のゲストガス注入は，容器下部の直径 60mm ガラス多孔質板を通して供給することで行った．ここでは，ゲストガスとして 0.2MPa 程度の低い圧力下で水和物を生成する HFC-32 (CH_2F_2) をメタンの代替ガスとして用いた．HFC-32 ガスは流量調節をされ，ガラス多孔質板により直径 1〜3mm 程度の多数の微細気泡として供給される．ガス注入流量はデジタルマスフローメータ (STEC, SEF-V111DM) を用い，2 秒間隔でデータ取得 (横河電機，MV112) して積算総ガス注入量を求めた．

耐圧試験容器中心軸上には，直径 12mm のアクリル棒に 4 枚のパドルを取り付けた撹拌翼があり，330〜500rpm の一定回転数で回転させることで水和物の混合状態を調整した．撹拌棒の詳細寸法が図 4.4 右側に示されている．この撹拌棒内には 15mmol/l の硫酸銅水溶液が封入されており，その領域からの MRI 信号を基準信号強度として用いている．これにより，時間的な NMR 信号の変動を補正することができる．

(c) MRI 計測システム

MRI 計測装置の構成図を図 4.1 右側に，装置の写真を図 4.6 に示す．0.3T の磁場強度での水素原子核 ^1H の核スピン共鳴周波数は 12.6MHz であり，この共鳴周波数に対応する RF 検出コイルを耐圧試験容器内のガラスとアクリルの二重円筒の隙間に設置して，蒸留水および水和物塊からの核磁気共鳴信号 (以下では，NMR 信号と略す) を受信する．この NMR 信号の取得と検波および画像再構成を行う MRI 計測システムはエム・アール・テクノロジー社製を用いた [4]．

MRI 計測システムの構成は次のようである．磁石と耐圧試験容器の隙間に三軸方向 (x, y, z) の勾配磁場コイルが設置されている．右側には RF 変調器・

図 4.6 MRI 計測装置の写真

検波器，RF 増幅器，勾配磁場コイルを駆動するパルス電源，そして各要素を制御し，データの取得と表示を行う PC 制御ユニットがある．

PC 制御ユニットでは，RF 励起パルス，勾配磁場パルスおよび NMR 信号取得のタイミングを制御しており，使用者が計測したい物理量（例えば，密度分布，流速分布，温度分布などの MR 画像）に応じた**パルスシーケンス** (pulse sequence) を選定する．選定されたパルスシーケンスのタイミングに従って，DDS(direct digital synthesizer) から出力された共鳴周波数の RF 波を RF 変調器によりパルス整形し，増幅された RF 励起パルスが RF 検出コイルから試料に照射される．その後，勾配磁場 (G_x, G_y, G_z) を印加してエンコードした NMR 信号を RF 検出コイルにより受信し，RF 検波器を通して NMR 信号を低周波変調した後に ADC(analog-to-digital converter) によりディジタル化して PC に取得し，フーリエ変換を行うことで MR 画像を再構成する．

(d) RF 検出コイル

RF 検出コイル (radio-frequency detection coil) は，**ソレノイドコイル** (solenoidal coil) と**可変コンデンサ** (trimmer capacitor) によって構成された 12.6MHz の共振周波数をもつ LC 共振回路である．RF 検出コイルの回路図を図 4.7 に示す．

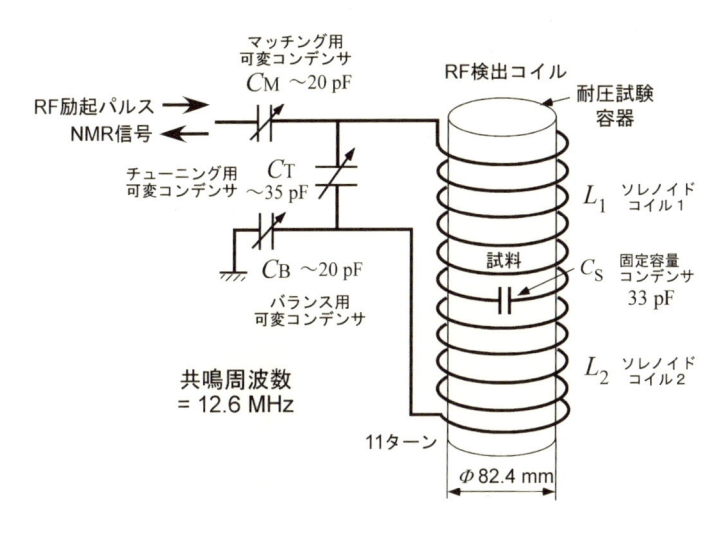

4.3 クラスレート水和物内のガス貯蔵密度分布計測への適用

図 4.7 RF 検出コイルの回路図

この回路では，水和物塊の状態変化により静電容量が変化しても共振周波数が変わらぬように，ソレノイドコイルを固定容量コンデンサ C_S によって二分割し，接地側にもバランス用可変コンデンサ C_B を挿入した．これらの LC 共振回路が伝送系と等しい 50Ω となるようにネットワークアナライザ (network analyzer) によって各可変コンデンサの容量が調整されている．

ソレノイドコイルの寸法は直径 98mm，長さ 150mm，巻き数は 11 回である．ソレノイドコイルは内径 100mm の円筒型アクリル容器の内側に固定され，その内側に円筒状耐圧ガラスが挿入される二重円筒構造になっている．アクリル容器とその内側に固定された RF 検出コイルの写真を図 4.8 に示す．RF 検出コイルによって耐圧ガラス容器内の水和物塊から放出される NMR 信号が受信される．この RF 検出コイルの Q 値は 170 である．

(e) 光学計測システム

四本柱型磁気回路では，耐圧試験容器の左右側面を挟み込むように磁石コアが置かれ，それ以外の前後側面にはアクセス可能な空間があり，磁石内部の耐圧試験容器へ容易にアクセスできる．光学的に透明な耐圧試験円筒容器を用いれば，磁石の前面側から CCD カメラを用いて気泡の動きにより容器内の水和

第4章 プロセス計測用 MRI

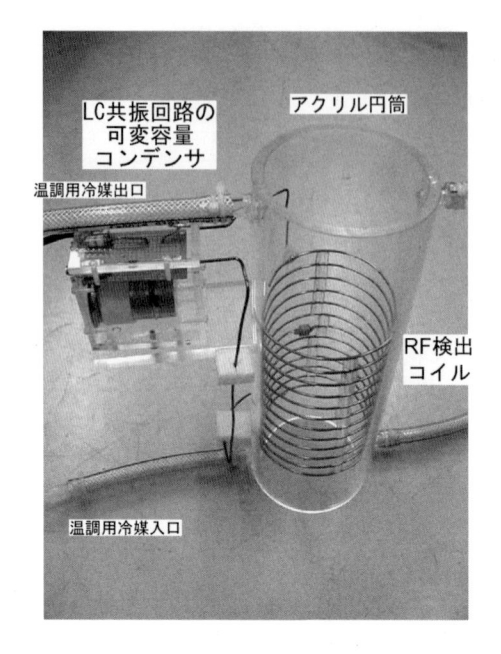

図 4.8 RF 検出コイルの写真

物の流動の様子を観察することができる．ここでは，水和物の光学的様子と流動状態を把握するために，水和物の生成・撹拌の様子をデジタルビデオに録画した．また，計測された MR 画像との比較を行った．

(f) 水和物生成実験の手順と条件

水を注入する前に耐圧試験容器に温調用フロリナート（配管入口側温度は 0.0～0.2℃，出口側温度は 0.5～0.7℃）を循環させ，容器温度を 0.3～0.5℃で数時間に渡り保持した．容器内の残留ガスを排除するために真空引きした後，凍らせた蒸留水を実験直前に融解させて容器底部より注入した．容器内で水和物生成に関わる蒸留水の体積（V_{H_2O}）は 430ml である．

真空状態から絶対圧 0.1MPa までの昇圧では，ゲストガスを蒸留水に十分溶解させるために標準状態換算でほぼ 30ml/min の流量でゲストガスをバブリング注入し，撹拌棒を 330rpm で回転させて容器内を混合した．絶対圧 0.1MPa でいったんガス注入を止め，基準となる蒸留水の MRI 計測を行った．その後，

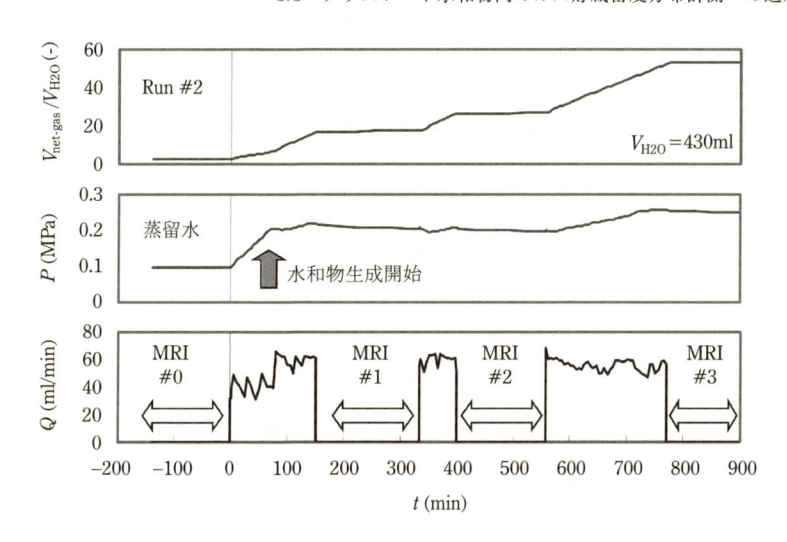

4.3 クラスレート水和物内のガス貯蔵密度分布計測への適用

図 4.9 ガス注入流量 Q と絶対圧 P の時間経過の一例

絶対圧 0.1MPa から撹拌とガス注入を行い，容器内圧力を増加させて水和物を生成させた．ガス注入流量 Q (ml/min) と絶対圧 P (MPa) の時間経過の様子の一例（実験番号 Run #2）を図 4.9 に示す．

図 4.9 の横軸は実験の時間経過 t を示し，$P = 0.1$MPa で蒸留水の MRI 計測（計測番号#0）を行った後に再度ガス注入を開始した時刻を $t = 0$ (min) とした．水和物が生成するまでは $Q =$ 約 30ml/min，回転数は 330rpm でガスを注入した．約 $P = 0.18 \sim 0.20$MPa に達すると水和物が生成し始め，容器内圧力の増加は緩やかになる．生成後は Q を約 65ml/min，回転数を 500rpm に増加させ，所定の積算総ガス注入量 ($V_{\text{inject-gas}}$) に達するまで注入した．MRI計測（計測番号#1, 2, 3）は所定のガス量で注入と撹拌を止めて行った．

4.3.2 ガス貯蔵密度の定義式

バブリング・撹拌法で生成されたクラスレート水和物塊は，水和物結晶とまだ水和物になっていない「余剰の水」との混相状態にある．天然ガスを輸送・貯蔵するという目的のためには，この余剰の水はできる限り少なく，含有するガス量は多いほうがよい．ここでは，ガス含有量の指標として，初期注入した

第4章　プロセス計測用MRI

水（体積は V_{H2O} (m^3)）の中にゲストガスがどの程度含有しているか（これを正味の総ガス注入量 $V_{\text{net-gas}}$ (Nm^3) とする）を体積比率で表した「ガス貯蔵密度」を以下のように定義する．

$$\frac{V_{\text{net-gas}}}{V_{H2O}} = \frac{V_{\text{inject-gas}} - V_{\text{Gas-phase}}}{V_{H2O}} \tag{4.1}$$

ここで，$V_{\text{gas-phase}}$ は容器内に気相として残存しているゲストガスの体積であり，積算総ガス注入量 ($V_{\text{inject-gas}}$) から減じている．ガス貯蔵密度 $V_{\text{net-gas}}/V_{H2O}$ が取り得る値の範囲は注入時の蒸留水の場合にはゼロ，すべての蒸留水が水和物になった場合には189である．

4.3.3　ガス貯蔵密度とT$_1$，T$_2$緩和時定数の関係

水和物塊内には余剰の水（液相の水と呼ぶ）が含まれている．この液相の水のT$_1$，T$_2$緩和時定数はガス貯蔵密度によって変化する可能性がある．特に，T$_2$緩和時定数は分子の自由度や結合状態に強く依存して変化し，固相表面近傍にある液相のT$_2$緩和時定数は減少する．計測対象としている水和物塊は液相の蒸留水と微細な水和物結晶との混在状態であり，微細水和物結晶近傍にある液相の水の量は水和物結晶の量に依存するため，液相の水の緩和時定数はガス密度に依存して変化していく可能性がある．そこで，十分に攪拌して生成させた均一密度水和物のT$_1$，T$_2$を計測し，ガス貯蔵密度 $V_{\text{net-gas}}/V_{H2O}$ に対する依存性を調べた．

T$_1$緩和時定数はInversion recovery法により計測する [5,6]．T$_2$緩和時定数を計測する手法には2つあり，1つは90度励起パルスと同位相 ($\theta = 0°$) で180度励起パルスを照射してエコー信号を取得するHahn Echo法と，他方は $\theta = 90°$ ずらして180度励起パルスを一定間隔で照射する**CPMG(Carr-Purcell-Meiboom-Gill) 法**である [5,6]．ここでは，それらをそれぞれT$_2$ (Hahn)，T$_2$ (CPMG) として区別して表記する．

水和物塊の緩和時定数の計測では，スライス選択励起により均一密度の水和物塊中心部のみを計測領域とした．計測位置は水面から深さ25mm，スライス方向は水平断面，スライス厚さは7.4mmである．また，共通の計測パラメタとして，90度励起パルスの繰り返し時間TRが20s，ダミー回数は2回，積算

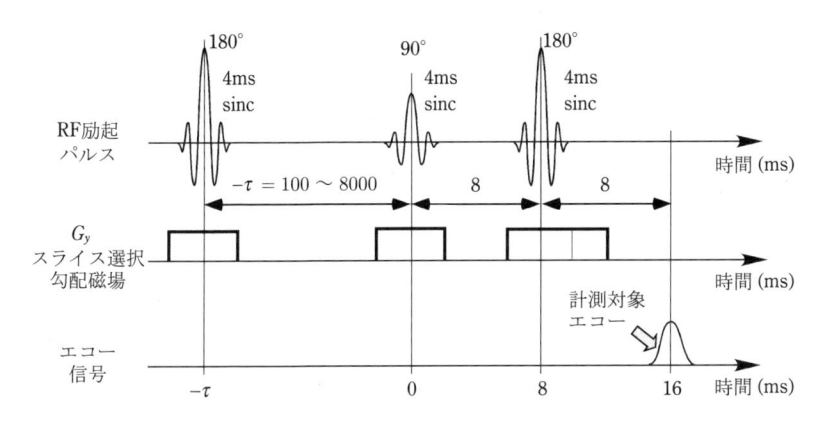

4.3 クラスレート水和物内のガス貯蔵密度分布計測への適用

図 4.10 スライス選択 Inversion recovery シーケンス

回数は 1 回である．以下ではそれぞれの計測法について述べる．

(a) Inversion recovery 法による T_1 緩和時定数の計測

計測で用いた Inversion recovery 法のシーケンスを図 4.10 に示す．この方法では，90 度励起パルスよりも τ 時間だけ以前に 180 度励起パルス（これを Inversion pulse と呼ぶ）を照射してスピンエコー信号強度 S_{T1} を計測する．エコー時間 TE は 16ms とした．180 度励起パルスの照射から 90 度励起パルス照射までの待ち時間 τ とスピンエコー信号強度 S_{T1} および T_1 緩和時定数の関係は以下のように書ける．

$$S_{T1} = M_0 \left\{ 1 - 2\exp\left(-\frac{\tau}{T_1}\right) \right\} \tag{4.2}$$

T_1 緩和時定数を求めるために時間 τ を順次変えて計測すれば，図 4.11(a) に示すような指数関数の曲線が得られる．一方，式 (4.2) の対数をとって整理すると以下の式のようになる．

$$\ln\left(1 - \frac{S_{T1}}{S_{T1,\mathrm{Max}}}\right) - \ln 2 = -\frac{\tau}{T_1} \tag{4.3}$$

この式に従って，計測された信号強度 S_{T1} を最大信号強度 $S_{T1,\mathrm{Max}}$ で規格化し，自然対数をとって図示すると図 4.11(b) のような直線となる．図 4.11(b) の一連のデータをもとに直線の勾配を最小自乗法によって求めれば，式 (4.3) か

第 4 章 プロセス計測用 MRI

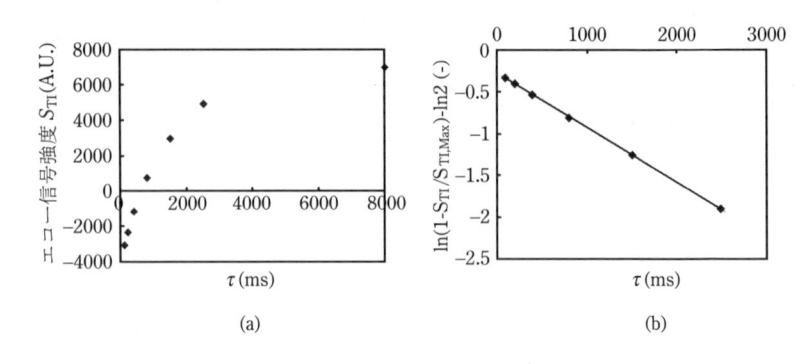

図 4.11 Inversion recovery 法による T_1 緩和時定数の算出法

らその逆数が T_1 緩和時定数となる．この算出方法の利点は，Inversion pulse が正確に 180 度になっていない場合であっても適切に T_1 緩和時定数が求められることにある．それは，Inversion pulse 強度のずれは待ち時間 τ を $\Delta\tau$ だけずらすことに対応するが，式 (4.3) ではそのずれが横軸 τ に沿って左右にシフトするだけであり，直線の勾配には影響を与えず，$\Delta\tau$ を算出しなくても T_1 緩和時定数は求められる．一方，式 (4.2) を基本式とする場合には指数関数でのフィッティングを行う必要があり，$\Delta\tau$ を求めなければそれが行えず，T_1 と $\Delta\tau$ の 2 つの未知数をフィッティングによって求めるという手間を要する．

(b) CPMG 法による T_2 (CPMG) 緩和時定数の計測

計測で用いた CPMG 法のシーケンスを図 4.12 に示す．CPMG 法では，90 度励起パルスから位相 θ を 90° ずらした 180 度励起パルスを一定間隔で照射し，スピンエコー強度 $I_{T2,\mathrm{CPMG}}$ を計測する．こうすることで 180 度励起パルスが正確に 180° となっていない場合でも位相のずれが相殺し合って，適切な T_2 (CPMG) 緩和時定数を計測することができる [5]．90 度励起パルスからの経過時間 t とスピンエコー信号強度 $I_{T2,\mathrm{CPMG}}$ および T_2 (CPMG) 緩和時定数の関係は以下のように書ける．

$$I_{T2,\mathrm{CPMG}} = M_0 \exp\left(-\frac{t}{T_{2,\mathrm{CPMG}}}\right) \quad (4.4)$$

多数の 180 度励起パルスを一定間隔で照射した際のスピンエコー信号強度 $I_{T2,\mathrm{CPMG}}$ の変化を図 4.13(a) に示す．ここでは，エコー信号強度を安定して計

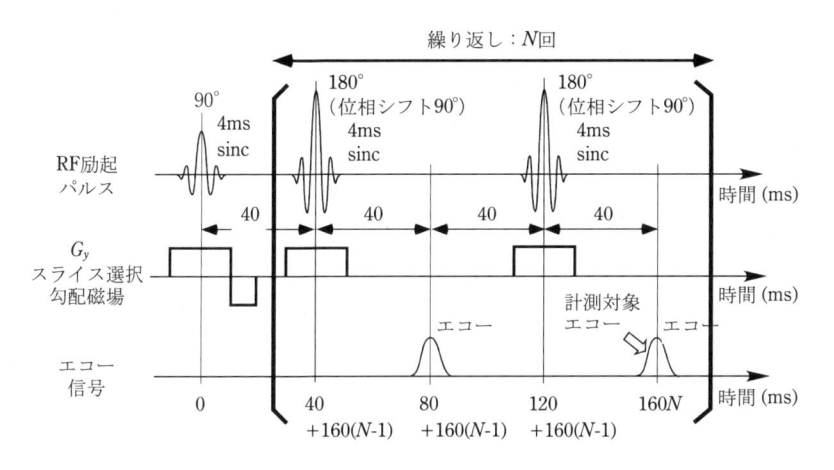

4.3 クラスレート水和物内のガス貯蔵密度分布計測への適用

図 4.12 スライス選択 CPMG シーケンス

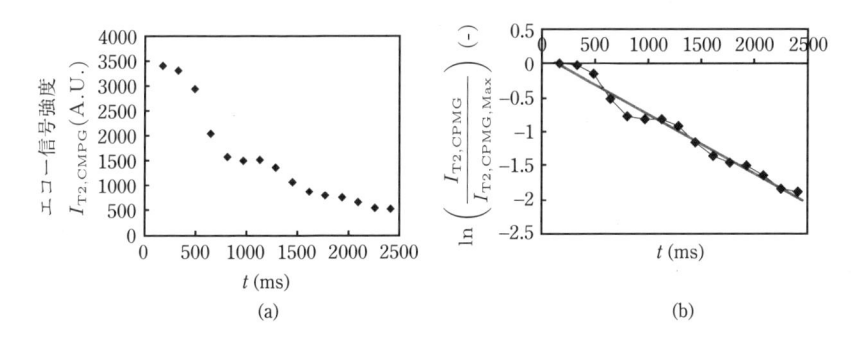

図 4.13 CPMG 法による $T_{2,\mathrm{CPMG}}$ 緩和時定数の算出法

測するために，偶数番目のエコー信号強度のみを選定した．T_1 緩和時定数を求めた方法と同様に，式 (4.4) の対数をとって整理すると以下の式のようになる．

$$\ln\left(\frac{I_{T2,\mathrm{CPMG}}}{I_{T2,\mathrm{CPMG,Max}}}\right) = -\frac{t}{T_{2,\mathrm{CPMG}}} \tag{4.5}$$

この式に従って，計測された信号強度 $I_{T2,\mathrm{CPMG}}$ を最大信号強度 $I_{T2,\mathrm{CPMG,Max}}$ で規格化し，自然対数をとって図示すれば図 4.13(b) のようになる．この一連のデータをもとに直線の勾配を最小自乗法によって求めれば，その逆数が

77

第 4 章　プロセス計測用 MRI

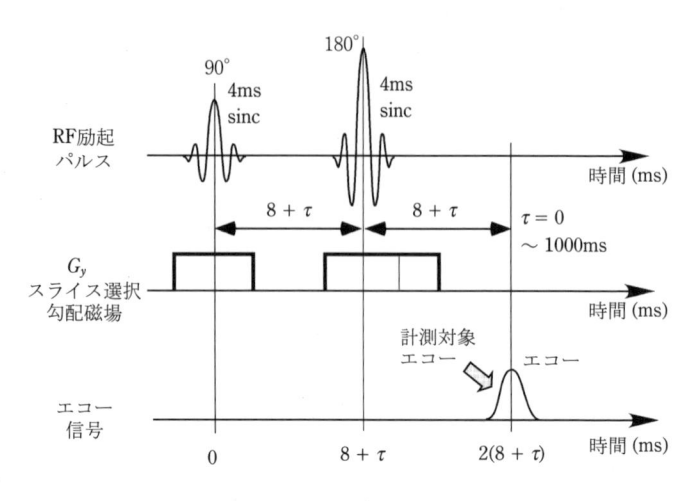

図 4.14　スライス選択 Hahn Echo シーケンス

T_2(CPMG) 緩和時定数となる．

(c)　Hahn echo 法による T_2(Hahn) 緩和時定数の計測

一般的な T_2 計測では，試料の磁化率変化や装置の磁場特性に起因する磁場の不均一性を完全に相殺できる CPMG 法が選定されるが，後述の MR 画像計測では Hahn Echo 法によりエコー信号を取得しているため，ここでは Hahn Echo 法による T_2 (Hahn) も計測した．計測で用いた Hahn Echo 法のシーケンスを図 4.14 に示す．Hahn Echo 法では，90 度励起パルスと同位相 ($\theta = 0°$) の 180 度励起パルスを照射してスピンエコー信号強度を取得する．90 度励起パルスからの経過時間 t とスピンエコー信号強度 $I_{T2,\text{Hahn}}$ および T_2 (Hahn) 緩和時定数の関係は以下のように書ける．

$$I_{T2,\text{Hahn}} = M_0 \exp\left(-\frac{t}{T_{2,\text{Hahn}}}\right) \tag{4.6}$$

エコー時間 TE を順次変えて計測した際のスピンエコー信号強度 $I_{T2,\text{Hahn}}$ の変化を図 4.15(a) に示す．上述の (b)CPMG 法と同様の手順で，信号強度 $I_{T2,\text{Hahn}}$ を最大信号強度 $I_{T2,\text{Hahn,Max}}$ で規格化し，自然対数をとって図示すれば図 4.15(b) のような直線となる．この例では計測値のばらつきが大きいものの，計測されたデータをもとに直線の勾配を最小自乗法によって求めれば，T_2

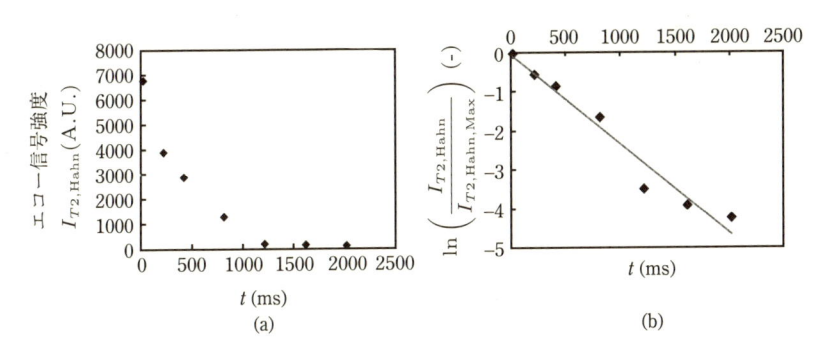

4.3 クラスレート水和物内のガス貯蔵密度分布計測への適用

図 4.15 Hahn Echo 法による $T_{2,Hahn}$ 緩和時定数の算出法

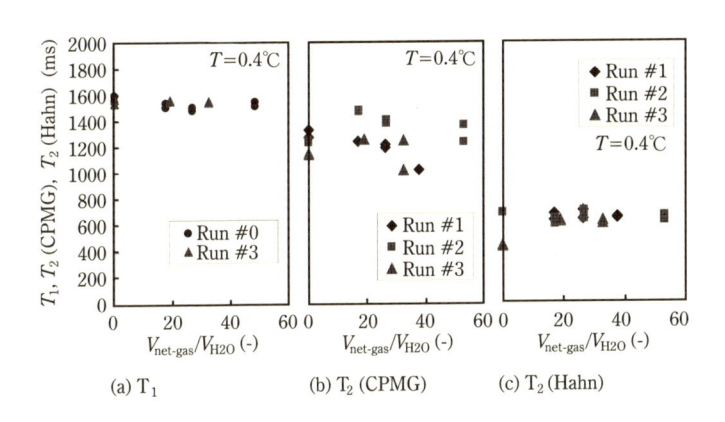

図 4.16 ガス貯蔵密度 $V_{net-gas}/V_{H2O}$ と緩和時定数 T_1, T_2(CPMG), T_2(Hahn)

(Hahn) 緩和時定数を算出することができる．

計測された緩和時定数 T_1, T_2(CPMG), T_2(Hahn) を図 4.16(a)〜(c) にそれぞれ示す．計測は 4 回の Run で行われ，新たに蒸留水を注入して水和物を生成し，あるガス貯蔵密度 $V_{net-gas}/V_{H2O}$ の値に対して 3 回計測した結果をすべて図示した．この図より，T_1, T_2(CPMG), T_2(Hahn) 緩和時定数はガス貯蔵密度 $V_{net-gas}/V_{H2O} < 53$ の範囲でガス貯蔵密度に依存せずに一定値をとり，その値は T_1 が約 1600ms，T_2(CPMG) が約 1200ms，T_2(Hahn) が約 600ms であり，それらの値は蒸留水 $V_{net-gas}/V_{H2O}=0$ での値と同じ値であった．この

79

結果から，比較的ガス貯蔵密度が小さい場合には水和物塊内の液相の水は蒸留水と同じ状態にあると考えられる．

4.3.4 MR画像をもとにしたガス貯蔵密度の算出法

ガス貯蔵密度に T_1, T_2 が依存せず，一定であるならば，NMR信号強度は単純化される．マルチスライス計測法で求めたMR画像からガス貯蔵密度を算出する方法を以下に述べる．

(a) マルチスライス計測とMR画像

耐圧試験容器はステンレスを含む多種類の材料で構成され，さらにその内部の水和物塊は気液固相の混相状態にある．このような試料では磁場の不均一が強い．研究の焦点が水和物塊のガス貯蔵密度の定量計測にあることから，不均一磁場の影響を低減できるスピンエコー法を選定することとした．しかし，前述の結果より T_1 は約1600msと長いために，TRをそれ以上長くとらねばならず，通常の三次元MR計測を行うと非常に長い時間を要することとなる．計測時間中に水和物の状態が変化してしまう可能性も考えられ，状態が保持されていると見なせる程度の時間内で計測を終える必要がある．

このような場合には，マルチスライスシーケンス (multi-slice sequence) の使用が有用である．このシーケンスを図4.17に示した．このシーケンスでは，あるスライス位置の断面のみに共鳴周波数を合わせて90度, 180度励起パルスを照射し，スピンエコー信号を取得する．その後，励起周波数を順次変えることでスライス位置を変え，一枚のMR画像の計測時間と同じ計測時間で複数枚のMR画像を取得する方法である．

鉛直断面と水平断面で計測されたMR画像を一例として図4.18(a), (b) に示した．図の左側には，蒸留水時のMR画像で，RF検出コイルの感度分布を補正する基準信号強度分布として用いている．図の右側に水和塊物を十分に攪拌しながら生成し，ガス貯蔵密度 $V_\text{net-gas}/V_\text{H2O} = 17, 26, 53$ で攪拌を止めて計測したMR画像である．信号強度はガス貯蔵密度が大きくなるに従って低下し，空間分布が形成されている様子を見ることができる．以下では，このMR画像をもとにしてガス貯蔵密度を算出する方法を示す．

図4.18(a), (b) では十分に攪拌して生成させた均一密度の水和物のMR計測

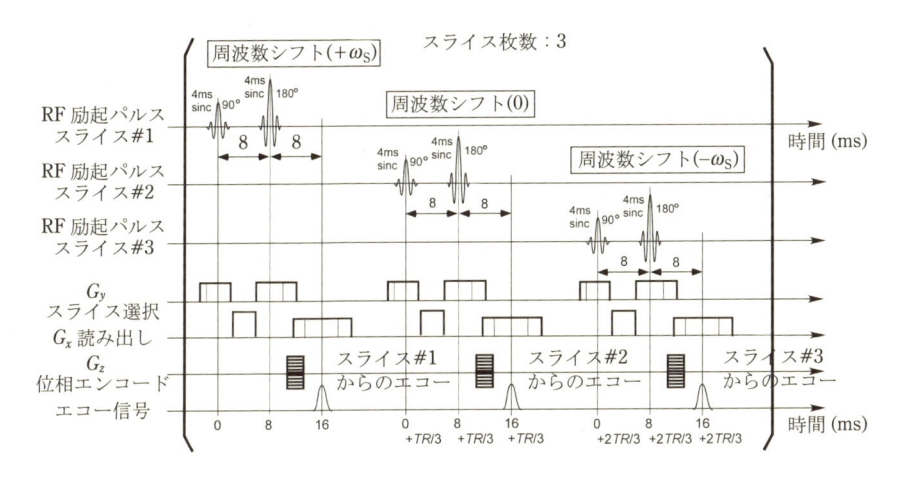

4.3 クラスレート水和物内のガス貯蔵密度分布計測への適用

図 4.17 マルチスライスシーケンス

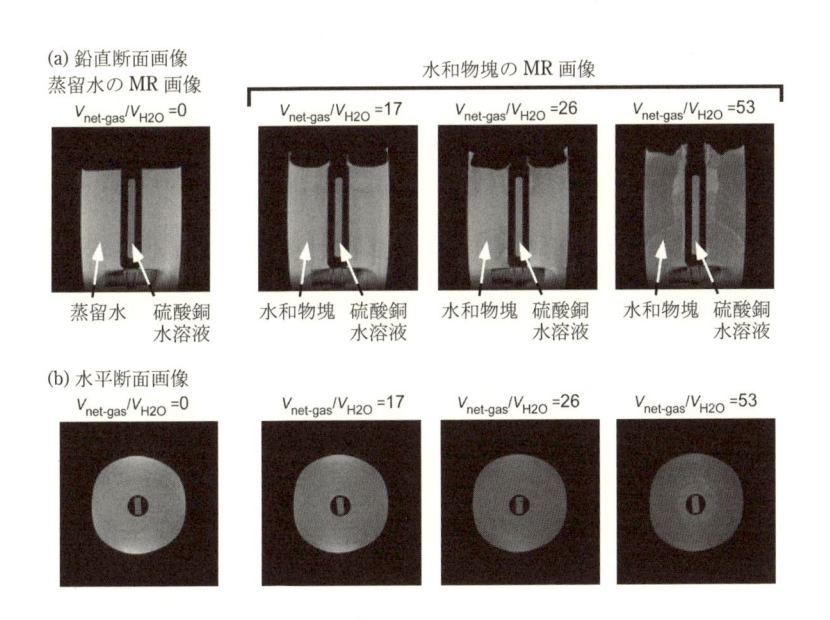

図 4.18 鉛直断面と水平断面で計測された MR 画像

第4章 プロセス計測用 MRI

をマルチスライススピンエコー法で行った．計測パラメタは次のようである．1回のMR画像取得時間：513s, スライス枚数：7枚，画素数：128×128, FOV：$110\times110\mathrm{mm}^2$，スライス選択厚さ：3.7mm, TR：4000ms, TE：16ms, スライス枚数:7枚，積算回数：1回，ダミーなし．

(b) ガス貯蔵密度と NMR 信号強度の関係式

上述の計測条件のようにエコー時間 TE を 16ms として MRI 計測を行った場合，固相の水和物結晶からの NMR 信号強度は無視できるほど小さく，水和物塊内の液相の水からの信号のみが計測される．この場合，液相の水の NMR 信号強度 S_{H2O} は，液相の水の密度 ρ_{H2O}, TR, TE, 装置固有の変換定数の A を用いて以下のように表される．

$$S_{\mathrm{H2O}} = A\rho_{\mathrm{H2O}}\left\{1-\exp\left(-\frac{TR}{T_1}\right)\right\}\exp\left(-\frac{TE}{T_2}\right) \quad (4.7)$$

水和物塊内の液相の水の T_1, T_2 が水和物密度によらずに一定で，TR = 4000ms が T_1 = 1600ms より大きく，TE = 16ms が T_2 = 600ms より十分に小さい場合には式 (4.7) は直接 ρ_{H2O} に比例する式として次の式に単純化できる．

$$S_{\mathrm{H2O}} = A\rho_{\mathrm{H2O}} \quad (4.8)$$

蒸留水の NMR 信号強度 S_{H2O} により規格化すれば，計測された水和物塊の NMR 信号強度 S_{Hydrate} からガス貯蔵密度 $V_{\mathrm{net\text{-}gas}}/V_{\mathrm{H2O}}$ を以下の式で算出することができる．

$$\frac{V_{\mathrm{net\text{-}gas}}}{V_{\mathrm{H2O}}} = \left[\frac{V_{\mathrm{net\text{-}gas}}}{V_{\mathrm{H2O}}}\right]_{\mathrm{Max}}\left(1-\frac{S_{\mathrm{Hydrate}}}{S_{\mathrm{H2O}}}\right) \quad (4.9)$$

ここで，$[V_{\mathrm{net\text{-}gas}}/V_{\mathrm{H2O}}]_{\mathrm{Max}}$ はすべての蒸留水が水和物になった時の値であり，HFC-32 の場合は 189 である．

(c) 均一水和物による関係式の検証

式 (4.9) の妥当性を検証するために，容器外からの光学観察により十分に均一に撹拌されていることを確認しながら空間的に均一なガス貯蔵密度の水和物塊を生成させて MRI 計測を行った．

NMR 信号強度の規格化は蒸留水で行っているために，水和物塊の計測状況とは完全には一致せず，異なる状況下で計測された2つの NMR 信号強度の比

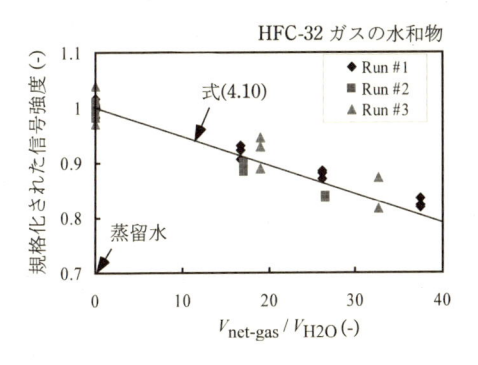

4.3 クラスレート水和物内のガス貯蔵密度分布計測への適用

図 4.19 ガス貯蔵密度 $V_{net\text{-}gas}/V_{H2O}$ と MR 画像の信号強度との関係

をとることとなり，NMR 信号強度にばらつきが生ずる．計測状況が異なる要因として，水和物生成時に RF 検出コイルの試料との静電容量が変化し，それに伴うコイルのインピーダンス変化が考えられる．また，同一試料での計測であったとしても，ピークの鋭いエコー波形をデジタル変換する際のビットレート不足や外部からのノイズの混入により数%程度の MR 画像強度に変動が生ずる．

これらの変動要因を最小限に抑制するために，攪拌棒内に封入された硫酸銅水溶液を変動補正用の基準試料（図 4.18 の中心に見られる攪拌棒内の縦長領域）として用い，式 (4.9) に蒸留水時の硫酸銅水溶液の信号強度 $S_{CuSO4\text{-}Water}$ と水和物生成時の信号強度 $S_{CuSO4\text{-}Hydrate}$ を以下のように加えて変動補正を行った．

$$\frac{V_{net\text{-}gas}}{V_{H2O}} = \left[\frac{V_{net\text{-}gas}}{V_{H2O}}\right]_{Max} \times \left(1 - \frac{S_{Hydrate}}{S_{H2O}} \bigg/ \frac{S_{CuSO4\text{-}Hydrate}}{S_{CuSO4\text{-}H2O}}\right) \quad (4.10)$$

この式 (4.10) は MR 画像の各ピクセル信号強度とガス貯蔵密度を対応させる式として用いることができる．

均一密度の水和物塊のガス貯蔵密度 $V_{net\text{-}gas}/V_{H2O}$ とそれを計測した際の MR 画像の信号強度との関係を図 4.19 に示す．また，図中には式 (4.10) の関係も図示した．この図より，式 (4.10) と測定値はほぼ一致しており，MR 画像の信号強度からガス貯蔵密度 $V_{net\text{-}gas}/V_{H2O}$ を定量的に算出可能であるとい

える.

(d) ガス貯蔵密度計測の不確かさ評価

導いた式 (4.10) をもとにガス貯蔵密度 $V_{net\text{-}gas}/V_{H2O}$ を算出する本計測法の不確かさを，MR 画像の信号強度のばらつき，積算総ガス注入量，容器内圧力の各項目について示す．

(1) MR 画像信号強度のばらつきによるガス貯蔵密度算出時の不確かさ

蒸留水での繰り返し MR 画像計測から信号強度のばらつきは標準偏差で 2.5% であった．この信号強度のばらつきに 189 をかけ，ガス貯蔵密度のばらつき $V_{net\text{-}gas}/V_{H2O}$ に換算すれば，±4.7 の不確かさとなる．

(2) 積算ガス流量計の不確かさによるガス貯蔵密度 $V_{net\text{-}gas}/V_{H2O}$ の不確かさ

図 4.19 でのガス貯蔵密度 $V_{net\text{-}gas}/V_{H2O}$ は積算ガス流量計の不確かさとして評価する．用いた質量流量計は測定範囲が 0〜200ml/min，測定精度が ±2ml/min であり，積算流量の換算には 2 秒間隔で流量を時間積分して算出した．ゲストガスの平均ガス注入流量は平均 40ml/min であり，一度の注入時間は 60min 以上であることから，ガス注入流量の測定精度の不確かさが積算時間の不確かに比べて支配的である．これより積算ガス流量の不確かさは ±5% である．

注入した蒸留水の体積 430ml の精度は ±10ml である．これより注入量のばらつきは ±3% である．

以上より，ガス貯蔵密度 $V_{net\text{-}gas}/V_{H2O}$ の不確かさは ±8% と算出される．

(3) 圧力計・容器気相部体積の不確かさ

用いた圧力計の不確かさは 0.2MPa 時で ±0.38% であり，これによる容器気相部体積算出時の不確かさはガス貯蔵密度 $V_{net\text{-}gas}/V_{H2O}$ 換算では ±2% となる．容器内気相部体積 1.14 リットルの算出誤差が ±20ml とすれば，ガス貯蔵密度 $V_{net\text{-}gas}/V_{H2O}$ に換算して 0.2MPa の時に ±5% 程度と算出される．

4.3.5 ガス貯蔵密度分布の形成過程

低ガス貯蔵密度 ($V_{net\text{-}gas}/V_{H2O} < 30$ 程度) では，攪拌によって水和物の全領域が流動し，均一密度の水和物を容易に生成させることができる．しかし，

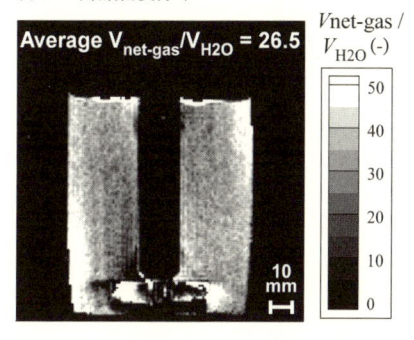

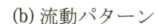

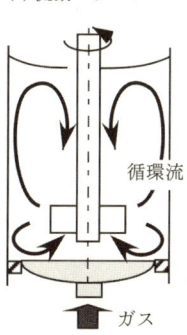

図4.20 低ガス貯蔵密度 ($V_{\text{net-gas}}/V_{\text{H2O}}$=26.5) 時のガス貯蔵密度分布と流動パターン

ガス貯蔵密度が増加するに従って粘性が増加し，上部液面から静止し，静止領域が徐々に降下する．これにより**流動パターン (flow pattern)** が変化して水和物を均一に混合できなくなる．このような不均一流動場でのガス貯蔵密度分布を計測した．この際，流動変化の様子は気泡の動きとして外部から光で観察できるが，水和物塊内のガス貯蔵密度の相違までは光では見ることができない．

$V_{\text{net-gas}}/V_{\text{H2O}} = 26.5$ での比較的低いガス貯蔵密度の際に計測された MR 画像を基に算出されたガス貯蔵密度分布を図 4.20(a) に，(b) にはその際の流動パターンを示した．(a) からは水和物塊内にガス貯蔵密度はほぼ一様で，明確な分布は見えない．また，(b) に示したように，この場合の水和物塊は上部の気相界面まで循環流が形成され，攪拌により全体が混合されていることがわかる．

$V_{\text{net-gas}}/V_{\text{H2O}} = 53.0$ での比較的高いガス貯蔵密度の際に計測された結果を図 4.21 に示す．図 4.21(a) には CCD 画像を，(b) には MR 画像をもとに算出した水和物塊内部のガス貯蔵密度分布を，(c) にはその際の流動パターンを示した．ただし，図 4.21(b) に示したガス貯蔵密度分布の算出は水和物生成前に蒸留水であった領域のみを対象として行った．水和物塊の最上部の界面形状は図 4.18(a) のように凹凸があるが，隆起した部分には規格化のための蒸留水の基準信号強度がないために除外した．

これらの図から，図 4.21(a) の水和物は全体が一様に白く見えるにとどまり，ガス貯蔵密度の相違による光の濃淡や境界の位置までは見ることができないが，

第 4 章 プロセス計測用 MRI

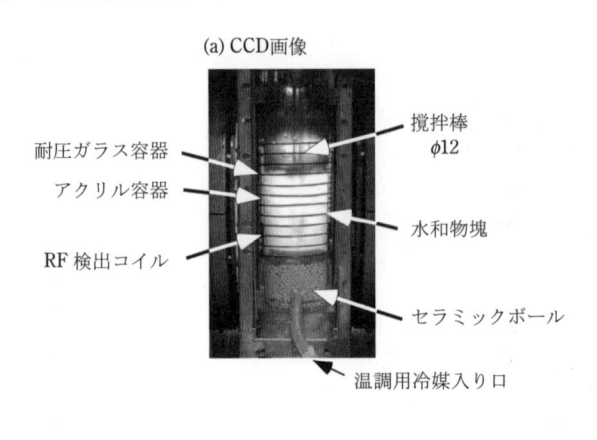

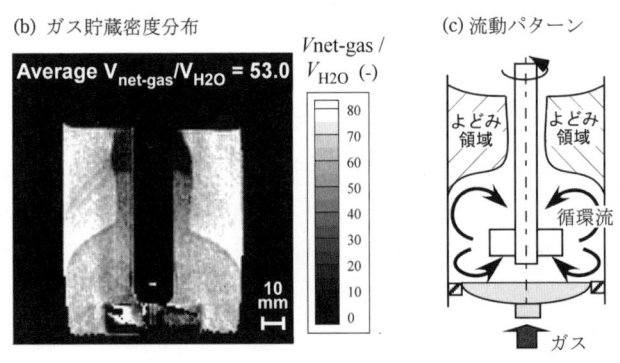

図 4.21 高ガス貯蔵密度 ($V_{net\text{-}gas}/V_{H2O}$=53.0) 時の CCD 画像，ガス貯蔵密度分布と流動パターン

一方，図 4.21(b) のガス貯蔵密度分布から，水和物上部の静止領域ではガス貯蔵密度が高く，下部の循環流領域と撹拌棒の周囲では低いことがわかる．このようなガス貯蔵密度の分布は，パドルから離れた上部液面では循環流の流速が低下するために上昇した気泡が堆積し，水に溶解しやすい HFC-32 気泡が水和物塊内に残存している水に溶解して徐々に潰れて高ガス貯蔵密度の水和物領域を生成することで形成されたと考えられる．

4.3 節では，プロセス装置内の物質の状態を計測するために MRI 装置を用いる際の装置製作上のノウハウや，永久磁石の柔軟性を生かした光学計測と MRI 計測との同時計測，および MRI 計測により水和物塊内のガス貯蔵密度分布と

いうこれまで計測できなかった物理量の計測事例を示した．このように，プロセス装置に適合した永久磁石を製作することでMRI計測の適用範囲を広げることができる．

4.4　航空機搭載用コンパクトMRI計測システム

　航空機内での機器使用では，装置寸法や総質量，搭載可能物の制限を始めとして，航空機の計器に影響を与えぬように磁場や電磁波の制限がある．これらは航空法で規制され，航空機を安全に運行するために厳格に守られている．このような厳しい制限事項のある航空機内でMRI計測を行う場合には，すべての制限をクリアするシステムを構築する必要がある．ここではシステムの構築事例として，「航空機搭載用コンパクトMRI計測システム」を取り上げる．この節では，種々の厳しい制限がある中で，制限をクリアするための対処法や，実際にMRI装置を搭載し，航空機実験を実施して得られた技術的なノウハウを記す．

　この事例では，航空機によって得られる微小重力環境の下で液体の自己拡散係数を計測することに研究の焦点が置かれ，このためのシステムを組んだ．このようにMRI計測の対象と手法を絞込み，小型磁気回路を用いることで，小型・低価格のプロセス計測用MRIモニタリングが構築でき，制限事項のある製造現場であっても適用可能なシステムが構築できることを示す．

4.4.1　航空機による微小重力実験の概要

　図4.22に示すように，航空機を**放物線飛行**(parabolic flight)させることで約20秒間の微小重力環境（10^{-2}g程度）を作り出すことができる．日本では，ダイヤモンドエアサービス株式会社[7]（以下では，DASと略記する）が2機のジェット機を用いて放物線飛行を実施している．DASは名古屋空港を基地空港とし，高度6000〜8000mでの遠州灘沖（K-1空域）と北陸沖（G-1D空域）を実験空域として使用している．実験時の天候・気流状況によって空域を選択する．

　ここでは，2機のうち，小型の双発ジェット機を用いた微小重力実験の実

第 4 章 プロセス計測用 MRI

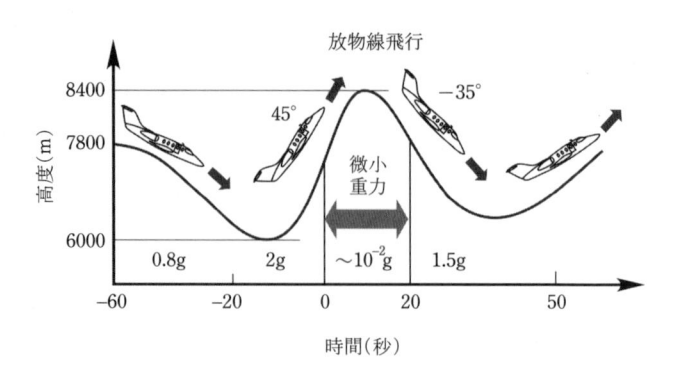

図 4.22 航空機による放物線飛行の軌道

図 4.23 放物線飛行に用いた航空機 MU-300

施について紹介する．機体は三菱式 MU-300（全長 14.8m，全幅 13.3m，全高 4.2m）であり，その写真を図 4.23 に示した．

1 回の飛行（約 2 時間）で 10〜15 回程度の放物線飛行を行い，この回数だけ微小重力環境が得られる．放物線飛行のパターンは，放物線飛行の 60 秒前から降下飛行（0.8g 程度）を始め，20 秒前から急上昇（2g）し，0 秒で放物線飛行に移り，微小重力環境（10^{-2}g 程度）を 20 秒間持続する．その後，機体を水平に戻すために再び 1.5g 状態を約 20 秒間維持し，次の放物線飛行の準備（上昇，旋回等）を行う．

4.4 航空機搭載用コンパクト MRI 計測システム

航空機による微小重力実験での利点は，実験状況・装置状態に応じて実験操作員がその場で直接装置を調整できることにある．MRI 計測では，RF コイルのチューニングや共鳴周波数の調整が FID 信号を見ながら状況に応じて瞬時に行える利点がある．

4.4.2 MRI 装置を搭載する際の制限事項 [8]

(a) 磁場規制

地磁気（〜0.5gauss）により飛行方向を監視する航空機では，搭載物の磁場規制がある．航空法では，航空機主翼先端に設置されている磁気センサへ影響を与えぬよう，センサ位置（キャビン中央からの距離が 4.6m）での磁場強度が 0.005gauss(0.418A/m) を超えてはならないとしている．

1T (=10,000gauss) 以上の高磁場強度を維持したまま，漏洩磁場を最小限にするため小型の 1.1T 25mm Gap 改良ハルバッハ型磁気回路を製作した．この磁石の主磁場方向の漏れ磁場強度は，磁場解析より磁石中心から 4.5m 離れた位置で 0.002gauss に抑えられている．磁石は航空機のほぼキャビンの中央に搭載され，漏れ磁場強度はセンサ位置での規定をクリアすることができた．また，実際に航空機内へ搭載した磁場試験でも航空機の計器に影響がでないことを確認した．さらに，搭載した磁石は 3mm 厚の鉄板と 3mm 厚の真鍮板を二重に組み合わせたシールドボックス（360mm 立方）で覆われ，漏洩磁場を低減させている．

(b) 電磁波規制

航空機は 130MHz 前後の周波数帯域を使用して，航空機の運行管理を行う航空管制塔と常に無線通信を行っている．MRI 計測により通信障害が起こらないかを確認する EMI (electro magnetic interference) 試験が地上で実施された．この試験により MRI 計測での RF 励起パルスが航空機無線と電磁干渉しないことを確認した．

(c) 搭載物の制限

火薬類，高圧ガス，引火性・可燃性物質，放射性物質，毒薬などの有害物質は，航空法第 86 条，同施行規則 194 条により搭載が禁止されている．ただし，搭載方法，物質の量，安全装置などの整備により搭載可能となる場合もある．

第 4 章　プロセス計測用 MRI

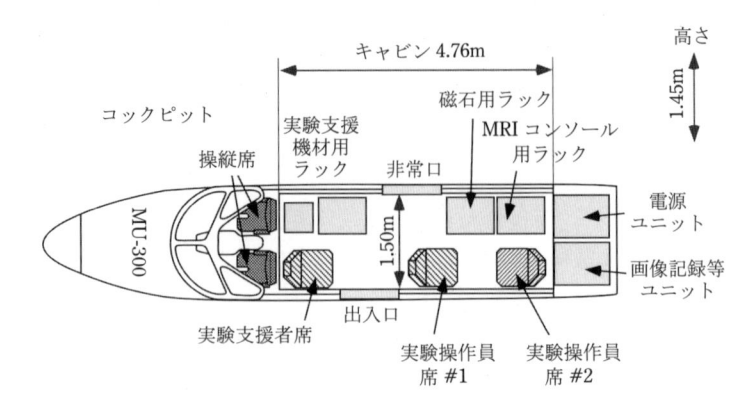

図 4.24　航空機内のラックと実験操作員の配置

事前（遅くとも 6 カ月前）に DAS と相談を行う必要がある．
　今回の実験では，40vol%エタノール水溶液を試料として用いた．引火性液体ではあるが，20µl と極微量であり，ガラスカプセルに封入され，アクリル容器内に密閉されていることから安全が確保されていると判断された．極微量で，かつ，安全対策がなされていれば，搭載が可能である．

(d)　実験装置と実験操作員の配置

　航空機の急上昇・急降下でも装置が移動しないように安全に固定されている必要がある．装置はすべて頑丈な機器固定用ラックの中に固定され，ラックは床面にボルト止めされる．ラックと実験操作員の配置を図 4.24 に示した．
　航空機内の最前列はコックピットであり，2 名のパイロットが航空機を操作する．DAS から実験支援者が 1 名同乗し，キャビン前部で実験操作員の支援とビデオなど記録機の操作を行う．キャビン後部の 2 つのラックに MRI 装置を設置し，それぞれラックの正面に実験操作員が 2 名着席する．水平巡航飛行時にはキャビン内を立って歩くことが許される．

(e)　搭載用ラック（装置寸法，質量の制限）

　MRI 装置を固定するラックの概略寸法を図 4.25 に示した．ラックの内側寸法は高さ 790mm，横幅 600mm，奥行き 350mm である．航空機内には実験装置を搭載できるラックは 2 台のみであり，すべての装置をこの 2 台の中に納め

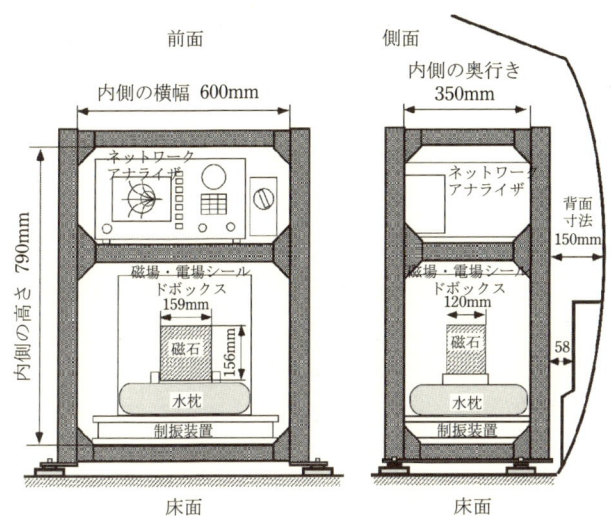

4.4 航空機搭載用コンパクト MRI 計測システム

図 4.25 装置固定用ラックの概略寸法

なければならない．また，ラック背面には寸法的余裕はなく，電源ケーブルや結線用ケーブルを通せる程度の隙間だけである．小型航空機への搭載には，このような寸法制限がある．

ラックには最大 2 枚の棚を取り付けることができ，その棚の上下位置は調整可能である．ラック内側に設置する機器はすべてボルトで固定し，激しく揺れても動かぬようにしなければならない．固定用ボルト穴が付いていない機器には幅 30mm，3mm 厚のアルミ帯板で機器を押さえつけて，ラックにボルトで固定する．

また，質量制限としては 1 台のラックにつき 100kg 以内の質量でなければならない．

(f) 非線形受動制振装置 [9]

飛行中，気流やエンジン振動などにより装置は航空機からの微小振動（g ジッター）を受ける．この振動を抑制するために磁石をシールドボックスごと非線形受動制振装置の架台に固定した．制振装置は微小重力状態時に架台をシリコ

91

ンラバーのみで支持し,架台上の装置に振動が極力伝達されないように製作されている.

(g) キャビン内空調

空調制御はパイロットが手動で行う.地上で実験準備をしている時と上空8000mを飛行している時では機外温度が大きく異なり,それに伴って機体温度も変化する.離陸から実験終了までの約1時間30分に渡ってキャビン内温度を一定にすることは困難である.経験上,キャビン内温度は±2度程度は変動する.温度変化に敏感な磁石には十分な断熱を施すか,磁石またはシールドに温調機構を付加することが不可欠である.

ここでは,シールドボックスの全周囲を断熱材で覆った.また,磁石温度の変動を低減させるために,熱の流入・流出が主として生じている磁石台座周囲に水枕を配置して熱容量を増加させた.

(h) 供給電源

電源はAC100V,最大15AがGrand付きテーブルタップで供給される.地上の実験室環境と同等と考えてよい.それ以外にも発電機からDC28V 25Aが供給される.航空機エンジンで発電されたDC28VをインバータによりAC100Vに変換している.

注意として,飛行前の機体点検からエンジン始動までの約45分間はすべての電源供給が停止する.この間に装置保温や安定化のために電源供給が必要ならば,外部電源供給を受けるか,自前で蓄電池式の電源を用意する必要がある.ただし,外部電源供給は,航空機をハンガーアウトしエプロンまで移動する際の約10分とエンジン始動の5分間は停止する.参考として,エンジン始動で航空機からの電源供給が開始されてから,実験空域に到着するまでの時間は約20〜30分である.この間に機器の始動と安定化が行えれば問題ではない.

(i) ノイズ・外乱による影響

航空機にはGrandはない.上空ではGrandの取りようがないことが地上の実験室との決定的な相違である.機体自身が共通のGrandであり,MRI計測装置は共通のGrandに接続されている.このGrandには発電機,AC100V電源供給用インバータ,航空機無線などすべての装置が接続されており,Grandとして十分に安定しているとはいいにくい.

4.4 航空機搭載用コンパクト MRI 計測システム

このため,航空機が送信する無線,ストロボライトの点滅,トリム操作などの機械的稼動部の操作(飛行状態に依存)の影響が NMR 信号の周波数・位相を時間的に変化させる現象が見られた.また,飛行中にスパイクノイズによる障害(ハングアップ)も数度ではあるが生じた.この対策として,放物線飛行中での上記操作は極力行わないようなフライトプランを立てて対処した.

4.4.3 航空機搭載用コンパクト MRI の構成

上記のように MRI 装置を航空機に搭載するには多くの制限をクリアする必要がある.特に厳しい制限は漏洩磁場,装置寸法と総質量である.これに対処するために,小型磁石を製作し,コンパクトな MRI 計測システムを構築した.

(a) 小型磁石

製作した小型磁石は,中心磁場強度が 1.14T(24.8℃),エアギャップが 25mm,寸法が 159mm × 156mm × 120mm,質量は 20.8kg の改良ハルバッハ型磁気回路である.小型磁石の写真を図 4.26 に示した.この磁石内部の均一領域は直径 8mm 球で 15.1ppm である.漏洩磁場強度は,製作した住友特殊金属株式会社(現 NEOMAX)からの提供資料より磁石中心から 4.5m 離れた位置で最大 0.002gauss であった.これより,製作した磁石は磁場制限をクリアするこ

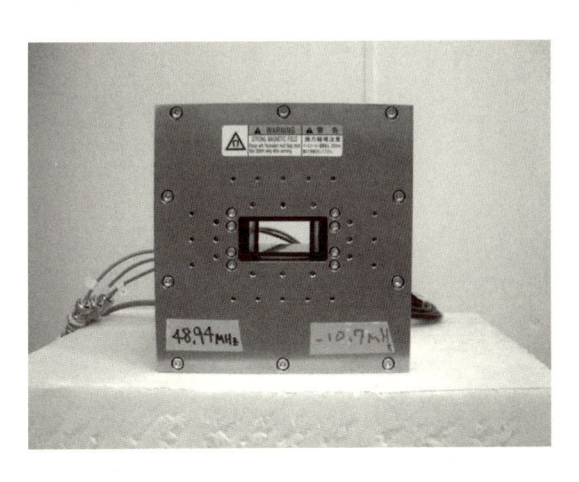

図 4.26　1.1T 25mm Gap 改良ハルバッハ型磁気回路の写真

第 4 章　プロセス計測用 MRI

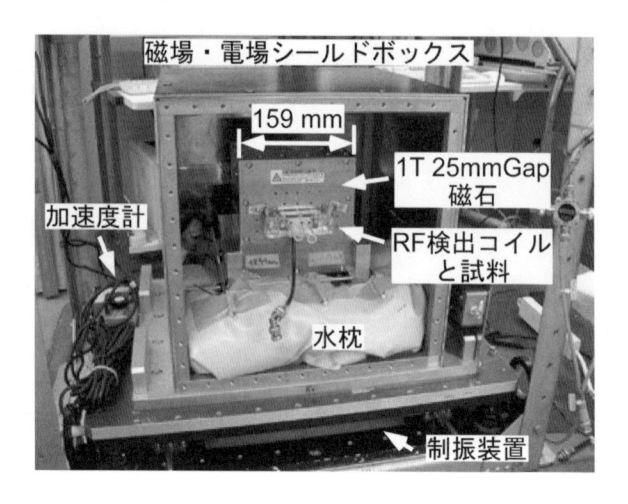

図 4.27　ラック内に設置された小型磁石とシールドボックス

とができた．

　漏洩磁場や電磁波放出および外部からの電磁ノイズを低減するために磁石は磁気・電磁シールドボックス内に設置した．シールドボックスは 3mm 厚の真鍮板・鉄板で製作し，寸法は 360mm 立方，質量は約 80kg である．
　また，航空機からの振動を低減させるためにシールドボックスは制振装置の架台上に固定されている．小型磁石とシールドボックスを図 4.27 に示す．写真の中央に小型磁石があり，その周囲を磁場・電磁波シールドがある．また，RF 検出コイルと試料はすでに磁石開口部内に固定されている．また，磁石の温度変化を低減させるための水枕が磁石底部に固定されている様子が見られる．

(b)　RF 検出コイルと蒸留水試料

　磁石のエアギャップは 25mm，幅は 53mm であり，その中に RF 検出コイルと勾配磁場コイルを挿入して固定している．RF 検出コイルは，激しい振動にも耐えられるように，共振回路と交換可能な試料フォルダおよび筐体の一体型として製作し，磁石にネジで固定されている．
　RF 検出コイルの共振回路は，図 4.28 に示すように，ソレノイドコイルと可変コンデンサによって構成されており，共振周波数は 48〜50MHz の範囲で調整可能である．ソレノイドコイルは試料フォルダである外形 5mm のアクリル

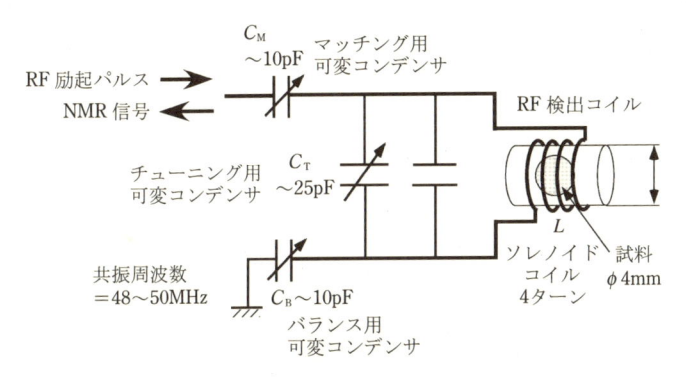

4.4 航空機搭載用コンパクト MRI 計測システム

図 4.28 RF 検出コイルの回路図

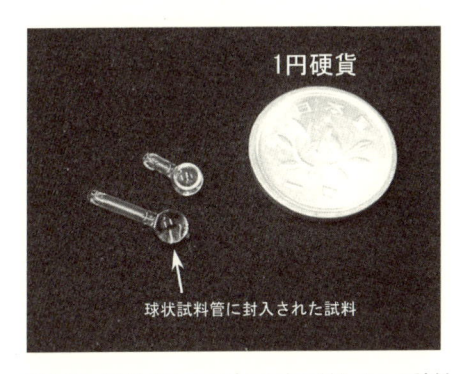

図 4.29 球形ガラスカプセル内に封入された試料

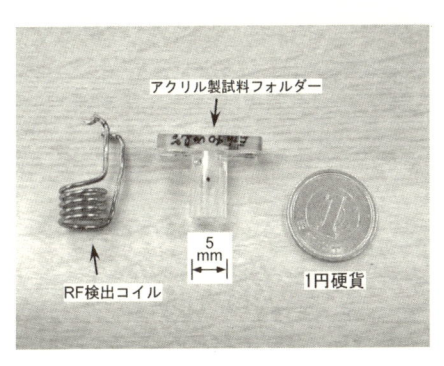

図 4.30 ソレノイドコイルと試料フォルダ

管に巻かれており，巻き数は 4 回である．共振回路が伝送系と等しい 50Ω となるようにネットワークアナライザによって各可変コンデンサの容量が調整されている．この RF 検出コイルの Q 値は 250 である．

試料は，外径 4.1mm の球状試料管（シゲミ製 SSP-51）に封入した蒸留水と 40vol%エタノール水溶液である．製作した試料を図 4.29 に示す．液体を球状試料管に注入後，注入口をガスバーナで加熱して密封している．アクリル製の試料フォルダとソレノイドコイルを図 4.30 に，筐体内で組上げた共振回路を図 4.31 に示す．LC 共振回路は全体を厚さ 0.05mm の銅箔製電磁波シールドで覆われており，上部開口部を蓋で閉めて計測する．

(c) MRI 計測システム

MRI コンソールは株式会社エム・アール・テクノロジー製を用いた [4]．MRI 計測システムを航空機搭載用ラック内に設置した際の写真を図 4.32 に，ラックを航空機内に搭載した際の写真を図 4.33 に示す．左側ラックに磁石・シールドボックスとネットワークアナライザ，右側ラックに PC 制御・発振機，検波器，グラジエント電源，50W 出力の RF 波増幅器がある．右側ラック内の全ユニットの質量は約 60kg であり，計測時の総消費電力は約 500W である．

(d) 蒸留水試料の MR 画像

このシステムには，三軸方向の勾配磁場コイルと勾配磁場電源も組み入れられており，MR 画像も取得可能である．計測された MR 画像を図 4.34 に示す．MRI 計測パラメタは以下のとおりである．シーケンス：スピンエコー法，MR 画像取得時間：69s，画素数：64×64，FOV：7×7 mm^2，スライス選択：なし，計測核種：^{1}H，共鳴周波数：47.15MHz，TR：1000ms，TE：4ms，ダミー回数：4 回，積算回数：1 回．この MR 画像の上部には，蒸留水のメニスカスが凹状に見えている．

4.4.4 Pulsed-Gradient Spin-Echo 法による自己拡散係数の測定

NMR では，特定の原子種に共鳴周波数を合わせることで，その原子のみの移動現象を計測できるという特徴がある．ここでは，**自己拡散係数** (self-diffusion coefficient) の測定法について説明し，特定原子種の自己拡散係数の計測例として，$C_2H_5OD+D_2O$ 溶液中での C_2H_5OD 分子の自己拡散係数の測定結果を紹

4.4 航空機搭載用コンパクト MRI 計測システム

図 4.31 RF 検出コイル

図 4.32 ラック内に固定した MRI 計測システム

介する.

(a) 自己拡散係数の計測法

標準的な自己拡散係数の計測法である Pulsed-Gradient Spin-Echo 法 [10,11] についてここでは述べる.

液体分子内の特定の核スピンを磁気共鳴により励起させた後に, 数 10ms の間隔を置いて 1 対の勾配磁場パルスを印加すると, その間に個々の原子核が拡

第 4 章　プロセス計測用 MRI

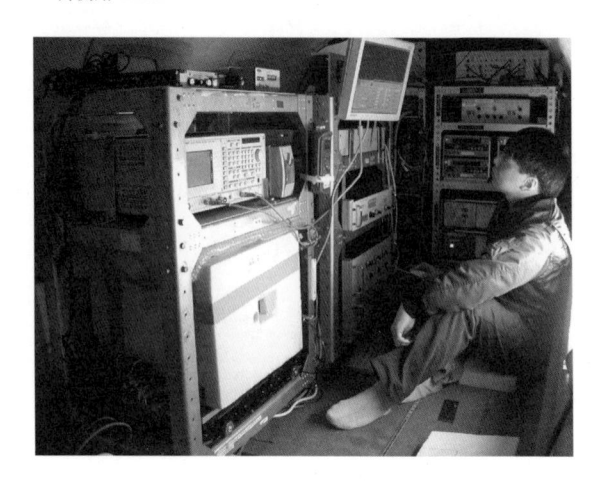

図 4.33　航空機内に搭載した MRI 計測システム

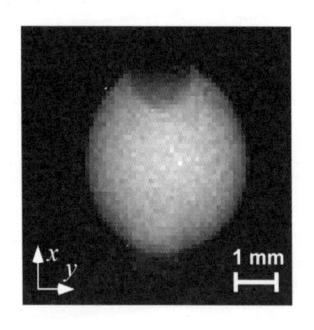

図 4.34　蒸留水試料の MR 画像

散によって移動して核スピンの位相が収束しなくなるために NMR 信号強度は低下する．この際，段階的に変化させた勾配磁場パルスと NMR 信号強度の低下とを関連させることで特定分子種の自己拡散係数を算出することができる [10,11]．

　自己拡散係数を計測するために用いた Pulsed-Gradient Spin-Echo シーケンスを図 4.35 に示す．このシーケンスでは，通常のスピンエコーシーケンスに，180 度励起パルスを対称軸として，1 対の印加時間と強度が等しい勾配磁場パ

4.4 航空機搭載用コンパクト MRI 計測システム

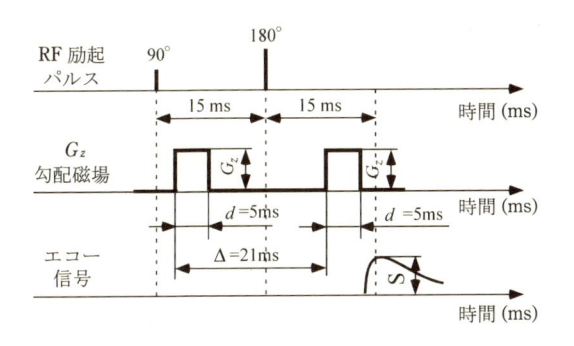

図 4.35 Pulsed-Gradient Spin-Echo シーケンス

ルス G_z を加えて，スピンエコー信号を取得する．エコー信号のピーク強度 S は，印加するパルス勾配磁場強度 G_z (gauss/m)，印加時間 $d = 5.0$ ms，パルス間隔 $\Delta = 21$ ms に依存し，以下のような関係式で z 方向の自己拡散係数 D_z ($\mathrm{m^2/s}$) と関係づけられる．

$$\ln(S/S_0) = -\gamma^2 D_z d^2 \Delta G_z^2 \tag{4.11}$$

ここで，S_0 は勾配磁場を印加しない $G_z = 0$ の時のエコー信号のピーク強度，γ は計測対象とする水素原子核 ^{1}H の磁気回転比 42.577×10^2 (1/gausss) である．上式では，$\Delta \gg d/3$ として式を簡略化した．また，パルス勾配磁場強度 G_z は蒸留水の自己拡散係数 D_z をあらかじめ計測し，文献値 [12] と比較することで校正した．

図 4.36 には，蒸留水を試料とした計測例を示した．この図から，パルス勾配磁場強度 G_z を増加させるに従って，ピーク強度 S の対数値が一定勾配で順次低下していくことがわかる．この測定値をもとに最小自乗法によって直線の勾配を求め，式 (4.11) から蒸留水中の水素原子核 ^{1}H の自己拡散係数 D_z を算出することができる．

(b) $C_2H_5OD + D_2O$ 溶液中での C_2H_5OD 分子の自己拡散係数

水素原子核であっても ^{1}H と ^{2}D では核スピンの共鳴周波数が異なり，両者を区別して NMR 信号を取得することができる．これを利用すれば，$C_2H_5OD + D_2O$ 溶液中で会合・離脱する D_2O 分子の分子運動の影響を受け

99

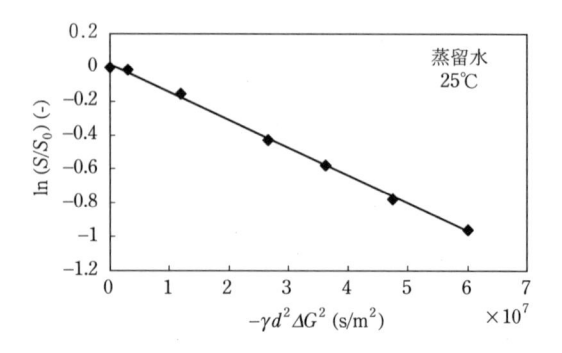

図 4.36　Pulsed-Gradient Spin-Echo 法でのエコー信号強度低下の計測例

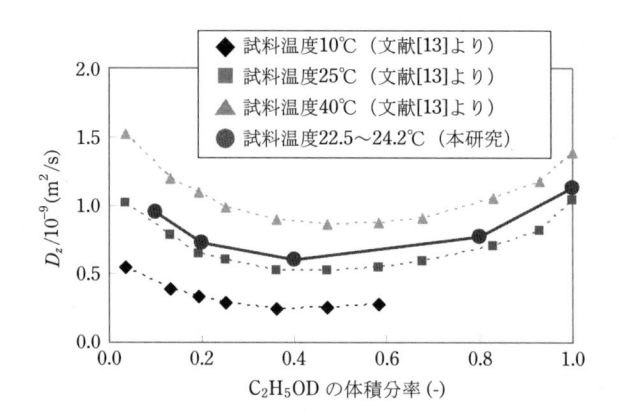

図 4.37　C_2H_5OD + D_2O 溶液中での C_2H_5OD 分子の自己拡散係数

ることなく，C_2H_5OD 分子のみの自己拡散係数を計測することができる．

　会合する D_2O 分子が C_2H_5OD 分子の自己拡散係数にどの程度の影響を及ぼすかを計測し，C_2H_5OD 濃度に対して整理した結果を図 4.37 に示す．この図では，計測の確からしさを示すために Sacco ら [13] の結果も併記してある．また，試料温度は磁石温度と等しいと仮定した．この図から，得られた結果は Sacco らの結果と定性的に一致しており，約 40vol% の C_2H_5OD 濃度付近で自己拡散係数は最小値をとることがわかる．

　この節では，磁場・電磁波などの制限がある航空機に搭載可能なコンパクト

MRI の開発にあたって実施した制限事項への対処法と技術的ノウハウを紹介した．このようにさまざまな制限がある環境であっても，比較的柔軟性の高い永久磁石を用いてシステムを構築すれば，MRI 計測が適用できることを示した．

このような事例が参考となって，プロセス計測に MRI が広く利用され，普及したセンシング技術の１つになることを期待したい．

引用文献

[1] 小川，川副，拝師，宇津澤．MRI によるクラスレート水和物のガス貯蔵密度分布計測法の開発と水和物生成時の密度分布形成過程の観察．日本機械学会論文集 B 編，印刷中

[2] Gudmundsson JS. et al. Frozen hydrate for transport of natural gas. Proc 2nd Int Conf Natural Gas Hydrate 1996; 415–423.

[3] Rogers R. et al. Hydrate for storage of natural gas. Proc 2nd Int Conf Natural Gas Hydrate 1996; 423–429.

[4] Haishi T, Uematsu T, Matsuda Y, Kose K. Development of a 1.0T MR microscope using a Nd-Fe-B permanent magnet. Magn Reson Imag 2001; 19:875–880.

[5] ファラー，ベッカー，赤坂他共訳．パルスおよびフーリェ変換 NMR 1976; 吉岡書店, p.27.

[6] Callaghan PT. Principles of Nuclear Magnetic Resonance Microscopy 1991; Oxford University Press.

[7] ダイヤモンドエアサービス株式会社の詳細な情報は次のホームページより得られる．URL:http://www.das.co.jp

[8] 航空機実験システムユーザガイド（改訂 C 版）．宇宙開発事業団 平成 11 年 3 月．

[9] 円山，渡辺，須藤，米．微小重力実験用非線形受動制御装置の開発と g-ジッター低減．日本マイクログラビティ応用学会誌 1999; 16–4:272–218.

[10] Stejskal EO, Tanner JE. Spin diffusion measurements:spin echoes in the presence of a time-dependent field gradient. J Chem Phys 1965; 42:288–292.

[11] Packer K. Diffusion and flow in fluids. Encyclopedia of nuclear magnetic resonance. Editors-in-Chief, D. M. Drant, R. K. Harris, 1996; 3, Con-F:1615–1626.

[12] Holz M, Weingartner H. Calibration in accurate spin-echo self-diffusion measurements using ^{1}H and less-common nuclei. J Mag Res 1991; 92:115–125.

[13] Sacco A, Holz M. NMR studies on hydrophobic interactions in solution Part. 2. J Chem Soc Faraday Trans 1997; 93(6):1101–1104.

第5章　マウス・ラット用MRI

5.1　はじめに

　ヒトを対象としたMRIは，今や非常に広く普及しており，医療では，なくてはならない診断装置となっている．これに対し，MRIの応用として，臨床診断の次に普及しているものは，動物実験である．

　さて，実験動物として，多くの生物系実験室ではマウスが使われている．これは，成長や世代交代が速いため，実験の効率が良く，これにより，遺伝学的に特徴づけられたさまざまなマウスの系統が確立されているためである．また狭いスペースで飼育できることも大きなメリットである．さらには，近年，マウスのゲノムが解読され，遺伝子操作などによる疾患モデルマウスが，薬剤開発のためのヒトの病態モデルとして，広く使われるに至っていることも大きな理由である．

　いっぽう，MRIでは，実験動物として，古くからマウスよりもラットのほうが広く使われてきた（図5.1）．これは，MRIでは，ある器官（脳や臓器など）を対象として撮像する場合，大きい動物ほど，画素あたりの高い**信号対雑音比**(signal to noise ratio: SNR)が得られるからである．すなわち，成体マウスと成体ラットの大きさの比は，およそ1：2であるので，同じ器官を同じ画素数で撮像した場合，画素の体積比は約1：8となり，RFコイルのサイズによる検出感度の変化（直径に反比例）を考慮すると，画素あたりのSNRは約1：4

第 5 章 マウス・ラット用 MRI

図 5.1 典型的なマウス(左)とラット(右)
ラットの体長は,マウスの 2 倍程度である.

となる.よって,同じ計測時間では約 4 倍の SNR が得られ,逆に,マウスで,ラットと同じ SNR を得るために信号積算を行えば,16 倍の時間を要する.

さて,マウスとヒトの MR 撮像を直接比較してみよう.

成体マウスの体長は約 10cm であるので,一次元的なサイズは,ヒトの約 1/15 である.すなわち,同じ器官を同じ画像数で撮像する場合の画素の体積比は,15^3〜3500 倍となり,RF コイルのサイズによる検出感度の変化を考慮しても,画素あたりの SNR は 200 倍程度も異なる.この大きな SNR の違いを解消するための最も直接的な手法は,強い静磁場を用いることである.そこで,マウスの撮像には,2.0〜17.6T の静磁場強度(プロトンの共鳴周波数で 80〜750MHz)を有する超伝導磁石が使用されている [1,2].

このような強い静磁場を用いた時の SNR を,臨床用 MRI の標準的静磁場強度である 1.5T を使用した時の SNR と比較する.この場合,マウス程度のサイズの生体試料では,SNR は共鳴周波数の約 1.5 乗に比例するので,2〜40 倍の SNR が得られる.すなわち,マウスに対して,たとえ 17.6T の静磁場を用いても,1.5T の臨床用 MRI におけるヒトの画像と,同等の SNR をもつマウスの画像を得ることは不可能である [2].

また,このような強い静磁場を用いた場合には,T_1 や T_2^* も大きく変化するため,1.5T の臨床画像とは画像コントラストが大幅に異なってくる.よって,

高磁場の動物実験で得られた画像のコントラストを，標準的な臨床画像と同様に解釈することは難しい場合が多い．

以上のように，生物学的には，マウスをヒトのモデルとして扱うことが広く行われているが，マウス用の高磁場 MRI で得られる画像は，標準的な臨床用 MRI（静磁場強度 1.5T）で得られるヒトの画像と，SNR と画像コントラストの点で，大きく異なっている．このような状況の下で，マウス用 MRI として，どのような機能を実現すべきかに関しては，いくつかの選択肢がある．たとえば，解剖学的構造の描出を優先して，できるかぎり高磁場の磁石を用いる選択肢や，生物学実験室における1つのイメージングツールとして，コンパクトさや，使いやすさなどを優先するなどの選択肢があろう．

そこで，この章では，永久磁石磁気回路を用いることにより，コンパクトさと使いやすさを特徴とするマウス・ラット用のコンパクト MRI を紹介する [3]．

5.2 システムの構成

図 5.2 に，本システムの全容を示す．このように，本システムは，第 2 章で

図 5.2　マウス・ラット用コンパクト MRI の全容

第 5 章　マウス・ラット用 MRI

述べたコンパクト MRI コンソールと，ヨークレスタイプの永久磁石磁気回路などから構成される．設置スペースは，約 $2m^2$ であり，多くの生物系実験室に設置可能である．また，超伝導磁石のように，液体窒素，液体ヘリウムの充填が不要であるため，メンテナンスの手間およびそのコストが不要であると同時に，そのための付加的スペースも不要である．このため，生物学的な汚染を問題とする閉鎖的な実験室への設置も可能である．

図 5.3 に，磁石周りの各ユニットを示す．図 5.3(a) は，ヨークレスタイプの永久磁石磁気回路であり，静磁場強度は 1.04T，ギャップは 9cm，均一度は 35mm 球で 10ppm である．全体のサイズは，高さ 57.4cm，幅 52cm，奥行き 48cm，総重量は 980kg である．なお，静磁場空間は，前方より見て，高さ 9cm，幅 24cm の開口があり，前面より簡単にアクセスできるようになっている．

この磁気回路のギャップ内に挿入して使用する箱形の勾配コイルユニットを

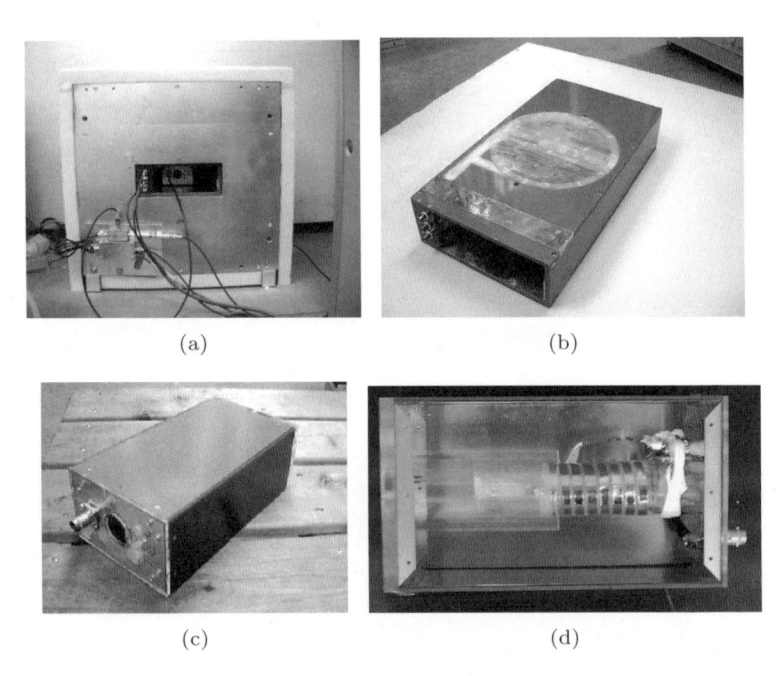

図 5.3　システムの構成要素
(a) 永久磁石磁気回路，(b) 勾配磁場コイル，(c) マウス用 RF プローブ，(d) RF プローブの内部を示す．

表 5.1 勾配コイルのパラメタ

勾配コイル	直流抵抗 (Ω)	インダクタンス (μH)	効率 (G/cm/A)	時定数 (μs)
G_x	3.4	464	0.98	150
G_y	3.4	462	1.03	180
G_z	1.9	143	0.92	140

図5.3(b) に示す．このユニットの大きさは，高さ8.6cm，幅23.5cm，奥行き44.0cmであり，ベークライト板で形成された箱の内部に，厚さ0.1mmのRFシールド用の銅箔を貼り，4cmごとに切れ目を入れることにより，渦電流の影響を低減させている．この勾配コイルのパラメタを表5.1に示す．

図5.3(c) に，マウス用RFプローブを示す．これは，RFシールドを形成する厚さ0.3mmの真鍮板と，それを機械的に補強する厚さ3mmのベーク板から成る．その内部 (図5.3(d)) には，図に示すように，0.1mm厚の銅箔で作られた送受信兼用のRFコイルが取り付けられている．このRFコイルは，3個の可変キャパシタとタンク回路を形成し，50Ωにインピーダンスマッチングされている．

マウス上半身用RFコイルとしては，内径32mm，長さ約50mmでターン数8回のソレノイドコイル（インダクタンス1.2μH）を用い，ラット頭部用RFコイルとしては，内径36mm，長さ約60mmでターン数7回のソレノイドコイルを用いた（インダクタンス0.7μH）．

5.3　システムの評価

5.3.1　永久磁石磁気回路

第2章でも述べたように，図5.3(a) に示したヨークレス型磁気回路においては，Fe-Nd-B系の永久磁石磁性材料が使用されている．この磁性材料は，磁束密度が大きな温度係数（約 −1100ppm/deg）をもっているため，本システムでは，静磁場強度の温度変化が大きな問題である．すなわち，静磁場強度は約1.04Tであるため，温度が1℃上昇すると，静磁場強度は約$1.14\text{T} \times 10^{-3}$T低下する．

これは，共鳴周波数の変化として約 50kHz に対応する．MRI における 1 画素あたりの典型的な周波数帯域は，数 100Hz であるため，この変化は 100 画素程度に相当する．よって，この温度変化を厳密に制御するか，温度変化に影響されない計測手法が必要となる．

このため，まず，図 5.3 に示すように，良好な断熱材であるポリスチレンフォームで磁石全体を覆うとともに，共鳴周波数を静磁場にフォローさせる NMR ロックを使用した．ただし，撮像を行う場合には，勾配コイルからの発熱が大きな問題となるため，まずこれを評価した．

図 5.4 に示すのは，数時間以上にわたり，MRI の撮像シーケンス（TR = 100ms，TE = 12ms の 3D スピンエコーシーケンス）を動作させながら，磁石各部の温度変化を計測した結果である．ただし，図 5.4(a) は，勾配磁場をオフにして計測した場合の温度変化，図 5.4(b) は，勾配磁場をオンにして計測した場合の温度変化である．白丸のデータは，磁気回路外壁の上部と下部の温度，灰色の丸のデータは，ギャップ内空間の空気の温度，黒丸は，NMR のラーモア周波数を，温度に換算して表示したものである．ただし，この表示では，25℃の恒温室において測定された，この磁石の共鳴周波数 (44.064MHz) を用い，静磁場強度が温度とともにリニア (-1100ppm/deg) に変化するものと仮定した．

これらの図に示すように，磁石本体の温度は，上部，下部で 0.2℃ 程度の一定の温度差で同様に変化し，共鳴周波数も同様に推移している．いっぽう，ギャップ内空間に，周囲に触れないように置いた温度計（熱電対）の温度は，室温を反映し，磁石本体よりも低い温度でスタートするが，勾配コイルに電流を流すと急激に上昇する．そして，約 2 時間後に，ギャップ内の空気の温度と磁石の温度差はほとんどなくなり，その後，一定の増加率で上昇する．これは，周囲から断熱された磁石において，内部から一定の熱が発生することによる温度上昇として解釈される．

さて，この熱の発生源としては，勾配コイル流れる電流によるジュール熱と，勾配磁場のスイッチングに伴い，ポールピースなどに誘起される渦電流によるジュール熱が考えられる．ところが，12 時間程度の長期間にわたる計測において，外部から磁石へ流入する熱や，外部へ流出する熱量を正確に評価するのは困難であるため，これらを分離して計測することは一般には難しい．しかしな

5.3 システムの評価

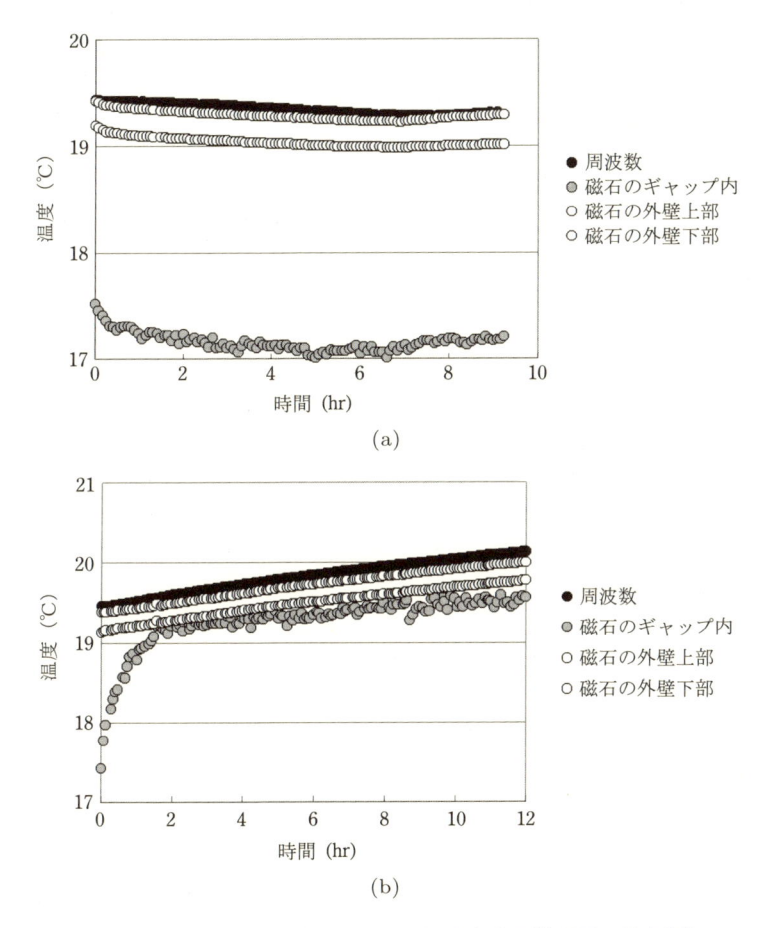

図 5.4 撮像シーケンスが動作している時の永久磁石磁気回路の温度変化
(a) 勾配磁場がオフの時．(b) 勾配磁場がオンの時．白丸は，磁石外壁の上部と下部の温度で，灰色の丸は，磁石のギャップ内空間の空気の温度，黒丸は，温度に換算したプロトンのラーモア周波数 (-1100 ppm/deg)．

がら，図 5.4(b) で観測された温度上昇のかなりの部分は，勾配コイルに流れる電流によるジュール熱で説明できることは確かである．

以上のように，撮像シーケンスにより，磁石の温度は上昇し，それに伴い，共鳴周波数も変化する．この周波数変化は，パルスシーケンスによって異なる

が，上記のシーケンスでは，約 2.7kHz/h，すなわち，45Hz/min となる．1 画素あたりの周波数帯域は，200〜400Hz であるため，少なくとも数分間に 1 回の NMR ロックが必要となる．そこで，本システムでは，三次元撮像の時には，二次元 k 空間データの撮像ごとに，NMR ロックを行う手法を採用している [4]．

5.3.2 勾配磁場コイル

勾配磁場コイルには，さまざまな性能が要求される．すなわち，電子部品として見た時には，低インダクタンス，低抵抗などであり，磁場発生装置として見た時には，高い勾配磁場発生効率，広い均一勾配磁場領域などである．前者に関しては既に表 5.1 に示したので，この節では，勾配磁場均一領域の大きさを，ファントムにより評価した結果を述べる．

勾配磁場の均一領域を評価するためのファントムには，幾何学的精度が要求されるが，自作のファントムでこれを実現するのは難しい．そこで，既製のアクリルパイプを用いることにより，機械工作精度の影響を少なくしたファントムを製作した．

図 5.5 に示すのは，外径 6mm，内径 4mm のアクリルパイプをカットして二次元的に最密充填し，それを内径 35mm のアクリルパイプで作成した容器に挿入して内部に硫酸銅水溶液を満たした 2 種類のファントムを，それぞれ 3D シーケンスで撮像した画像である．いずれの画像においても，静磁場不均一性が画像歪みに影響を与えないようにするために，画像が表示された断層面内が位相エンコード方向となるようにした．なお，それぞれの図に示す円は，10ppm 以内の静磁場均一領域（直径 35mm の球）である．

図 5.5 からわかるように，磁石中心の直径 35mm の球の内部には均一な勾

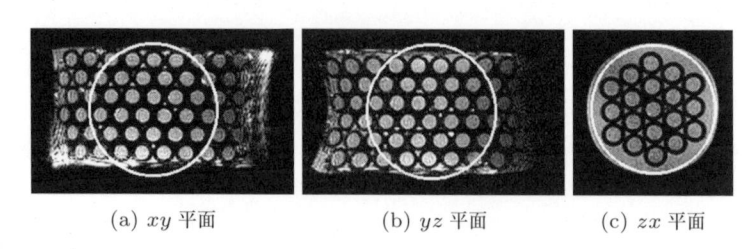

(a) xy 平面　　(b) yz 平面　　(c) zx 平面

図 5.5　ファントム撮像による勾配磁場均一性の評価

配磁場が発生し，さらに，球の外側においてもリニアな勾配磁場が発生しており，y 方向に長さ 50mm 程度の撮像可能な領域が存在する．このように，マウスやラットを挿入した場合，RF コイルの軸方向であれば，かなり広い**撮像視野** (FOV: field of view) を設定することが可能である．

5.3.3 RF コイル

本システムの大きな長所の 1 つは，RF コイルにソレノイドコイルを使用できることである．これは，試料（マウス・ラット）の挿入方向に垂直に静磁場が印加されているからである．Hoult らによると，鞍型コイルに比べ，ソレノイドコイルは，3 倍程度の SNR を達成できるとされており [5]，このため，本システムは，2T の超伝導磁石と鞍型ないしバードケージ型コイルを用いた MRI と同等の SNR を達成できることが期待される．さらに，ソレノイドコイルは，ターン数が多い場合，RF 磁場の均一性が高いという長所も有している．

さて，マウス上半身を均一に励起するためのソレノイドコイルとして，巻き数とピッチなどを最適化した RF コイルの高周波磁場分布を，図 5.6(a)〜(c) に示す．このコイルは，0.1mm 厚で 5mm 幅の銅箔を用い，直径 32mm で 7mm ピッチ（銅箔間のギャップは 2mm）で 8 ターン巻いたものである．インダクタンスは 1.2μH であり，コイル内を硫酸銅水溶液で満たした時のタンク回路の Q は 93 であった．なお，高周波磁場分布は，均一な水ファントムを，フリップ角を α と 2α と変えてそれぞれ三次元勾配エコー法で撮像し，それらの画素強度の比から算出したものである [6]．

同様に，ラット頭部を撮像対象としたソレノイドコイルの作る高周波磁場分布を，図 5.6(d)〜(f) に示す．このコイルは，0.1mm 厚で 5mm 幅の銅箔を用い，直径 36mm で 7mm ピッチ（銅箔間のギャップは 2mm）で 7 ターン巻いたものである．インダクタンスは 0.7μH であり，コイル内を硫酸銅水溶液で満たした時のタンク回路の Q は 44 であった．

以上のように，マウス，ラットそれぞれの RF コイルで，撮像領域内に，非常に均一な高周波磁場を発生できることがわかる．

第 5 章 マウス・ラット用 MRI

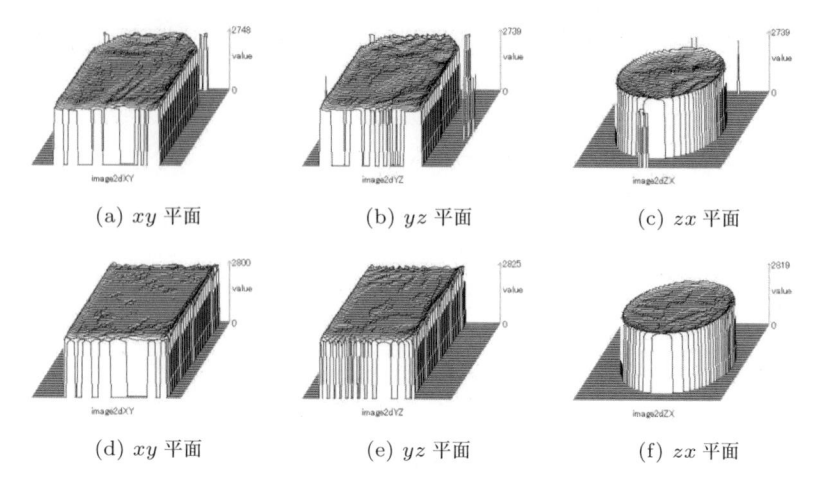

(a) xy 平面　　(b) yz 平面　　(c) zx 平面

(d) xy 平面　　(e) yz 平面　　(f) zx 平面

図 5.6　RF コイル内の高周波磁場分布
上段はマウス用，下段はラット用．

5.4　撮像方法

5.4.1　動物の固定法

図 5.7 に本システムで用いたガス麻酔システムを示す．このシステムは，一定量の空気を送り出すコンプレッサー（図中右下）と麻酔の量を調節できるガス吸入器（図下中央）から構成されている．用いた吸入麻酔薬はイソフルランおよびハロタンフローセンで，撮像終了までの麻酔の手順は以下のとおりである．

(1) 図 5.7 に示すアクリルボックス（図上中央）にマウスを入れ，コンプレッサーの流速を 500ml/min とし，吸入麻酔薬の濃度を 3～5% として，麻酔を強めにかける．

(2) マウスがおとなしくなり，呼吸が遅くなってから，図 5.8(a) に示す円筒型のマウスホルダーにガス吸入器から出ているホースをつなぎ，マウスを入れる．このとき，マウス頭部を，外径 28mm，内径 24mm のアクリルパイプにはめ込むようにして固定する．ガスの流速は 500ml/min のままで，ガス麻酔の濃度を 1.5～2% 程度に落とす．

(3) その後，RF コイルのチューニング・マッチング調整から撮像終了まで，流

5.4 撮像方法

図 5.7 マウス・ラット用ガス麻酔システム

(a) マウス用 　　　　　　　(b) ラット用

図 5.8 マウス・ラット用固定ホルダー

速 500ml/min，濃度 0.5〜1.5%とする．撮像時間の長さおよび，マウス・ラットの大きさによってガス麻酔の量は調節する．

図 5.8(b) にラット用固定ホルダーと固定時の様子を示す．ラットの麻酔方法は，ガスの濃度以外はマウスとほぼ同様である．

5.4.2 撮像パルスシーケンス

撮像に用いたパルスシーケンスは，スピンエコー法（2D および 3D），3D 勾

配エコー法，および 3D の FLASH 法である．3D シーケンスにおいては，等方的な画像マトリクスの他，非等方的なマトリクスも使用した．

5.5 マウスの撮像例

5.5.1 化学固定したマウス

使用した試料は，ブアン溶液で化学固定された 8 週齢の ICR マウスである．図 5.9 は，そのマウスを，3D 勾配エコー法（TR = 100ms, TE = 6ms, NEX = 6）で撮像した画像である．画素数は $256(x) \times 512(y) \times 256(z)$，画素サイズは $150\mu m \times 150\mu m \times 150\mu m$，画像視野は $3.84cm \times 7.68cm \times 3.84cm$ とした．全計測時間は，途中に NMR ロックのシーケンスを入れたため，約 12 時間であった．

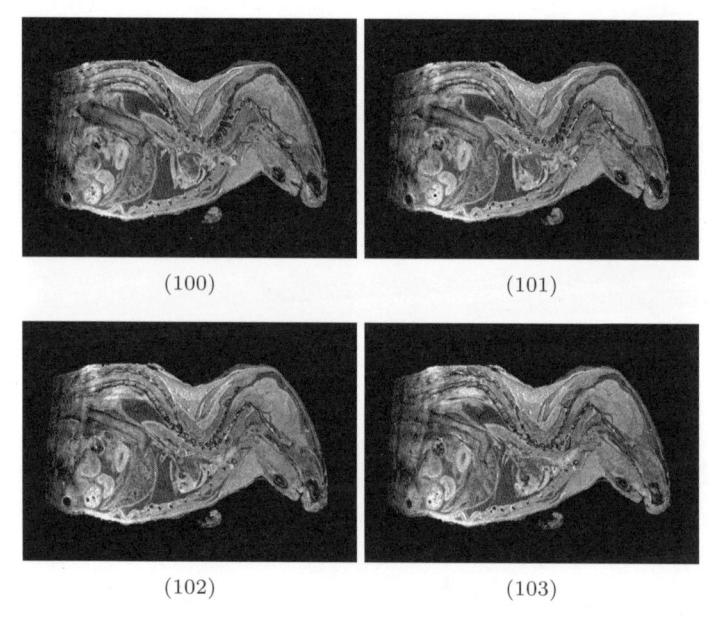

(100)　　　　　　　　　　(101)

(102)　　　　　　　　　　(103)

図 5.9　化学固定マウスの矢状断層
画像の下に示す数字はスライスの番号．$150\mu m$ 間隔で表示（次ページへ）．

5.5 マウスの撮像例

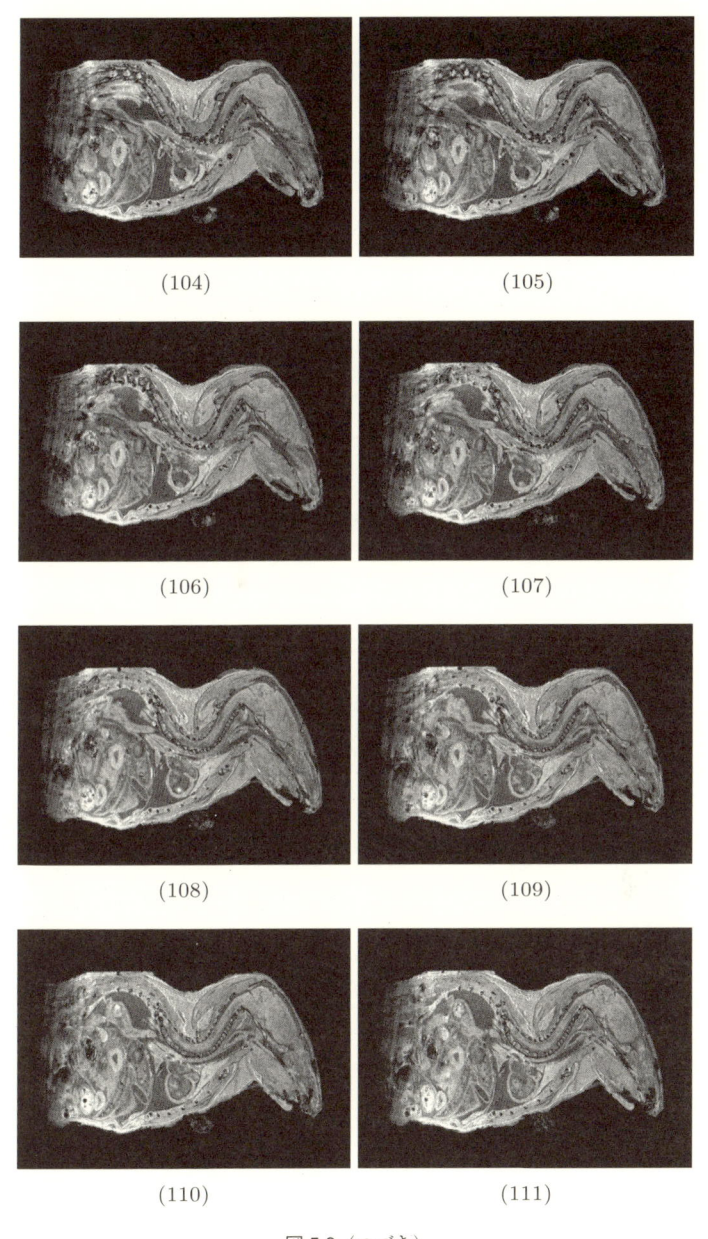

(104)

(105)

(106)

(107)

(108)

(109)

(110)

(111)

図 5.9（つづき）

第 5 章　マウス・ラット用 MRI

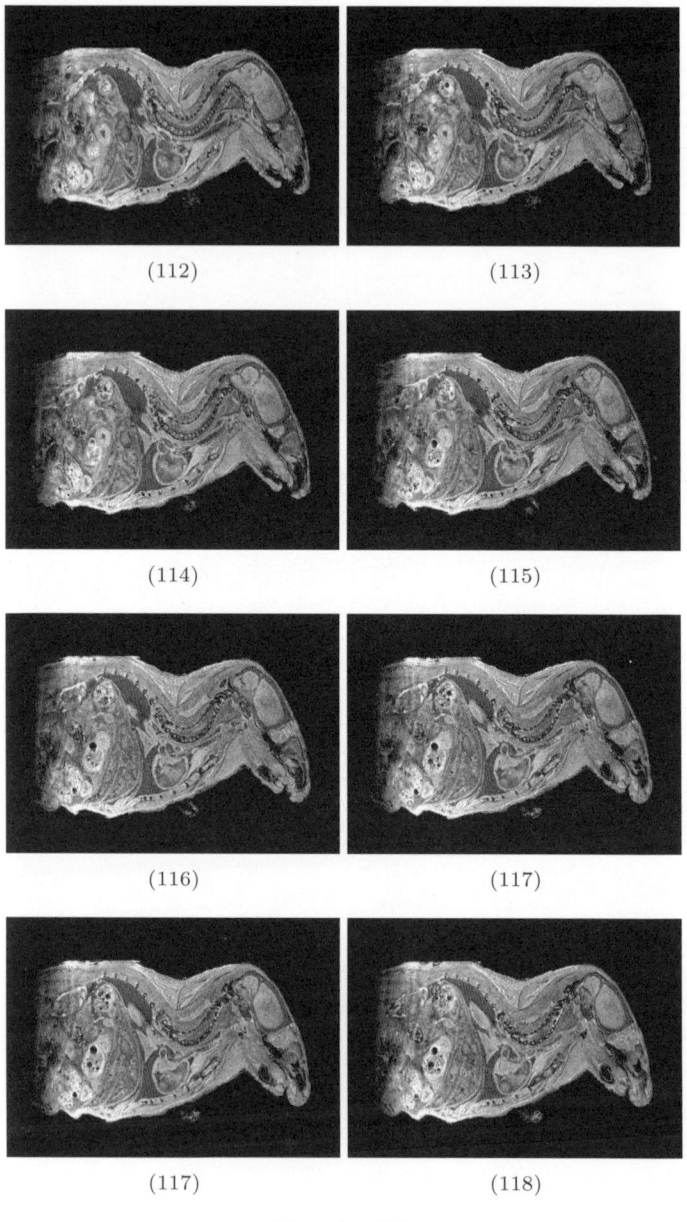

(112)　　　　　　　　　　(113)

(114)　　　　　　　　　　(115)

(116)　　　　　　　　　　(117)

(117)　　　　　　　　　　(118)

図 5.9（つづき）

5.5.2 正常ライブマウス

(a) 3Dスピンエコー法による頭部画像

図 5.10 に，3D スピンエコー法で撮像した，10 週齢前後の ICR マウスの T_1 強調画像を示す．画素数は $128 \times 128 \times 16$，FOV は $25.6\mathrm{mm}(x) \times 32\mathrm{mm}(y) \times 25.6\mathrm{mm}(z)$，スライス厚は 2mm，面内画素サイズは $200\mu\mathrm{m} \times 200\mu\mathrm{m}$ である．信号積算回数 (NEX) は 1 回であり，撮像時間は 20 分である．このように，1 回の計測で，マウスの脳をカバーする 10 枚程度の連続断層像を得ることがで

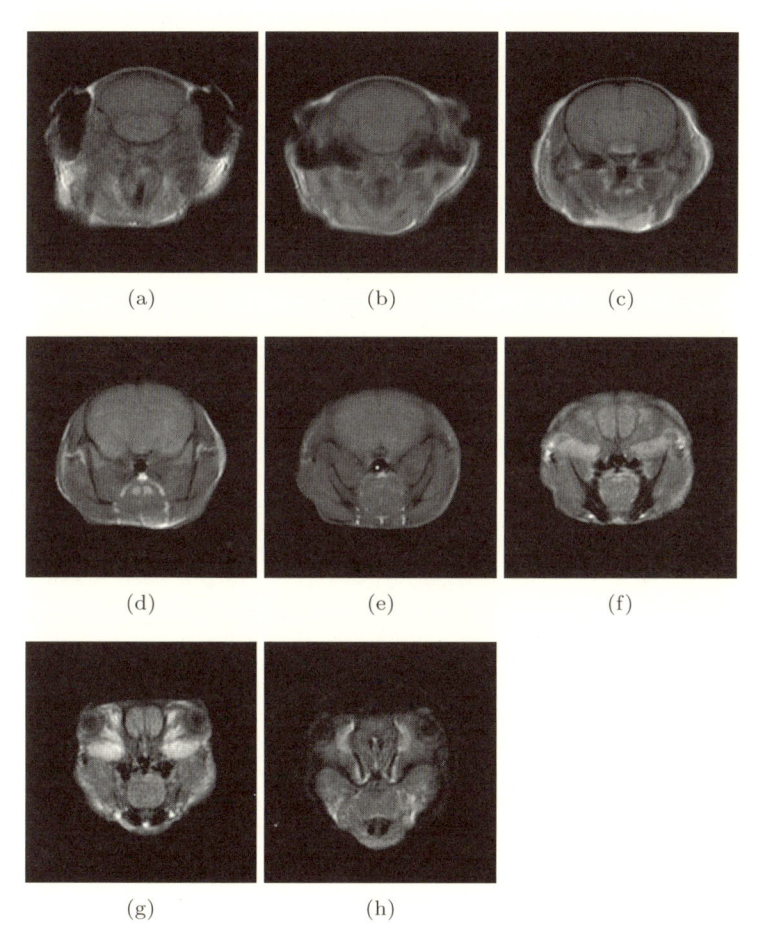

図 5.10 3D スピンエコー法によるマウス頭部の T_1 強調画像

きる．

図 5.11 に，3D スピンエコー法を用いた同じマウスの密度強調画像，T_1 強調画像，T_2 強調画像を示す．これらは，いずれも，図 5.10 と同様の画素数，FOV で撮像したものであるが，TR が異なるため，それぞれの撮像時間は，37 分，20 分，37 分である．

このように，画素サイズは小さいものの，信号積算なしでも，かなり高い SNR の画像を得ることができる．これは，3D シーケンスを用いているため，2mm スライスの 2D 画像に比べれば，スライス方向の位相エンコードの回数（スライス枚数：この場合は 16 枚）だけ，信号積算を行った場合と同等の画像が得られるからである．

この画像を，臨床用 MRI で撮像される人体頭部画像と比較しよう．典型的な人体頭部画像では，スライス厚は 5mm，面内画素サイズ 1mm × 1mm 程度であるため，画素の体積は，$5\mu l$ である．いっぽう，この節で示したマウス撮像の画素サイズは，0.2mm × 0.2mm × 2mm = $0.08\mu l$ である．すなわち，画素の体積比で 60 倍程度の差がある．RF コイルの直径は，人体頭部用が約 30cm，マウス用が約 3cm であるため，コイルの直径比は約 10 対 1 であり，直径比による SNR の向上は約 10 倍である．よって，同等な SNR を実現するためには，あと数倍の SNR が不足するが，本システムでは，ソレノイドコイルを使用すること（臨床用の QD コイルに比べ 2 倍程度の SNR の向上は期待される），お

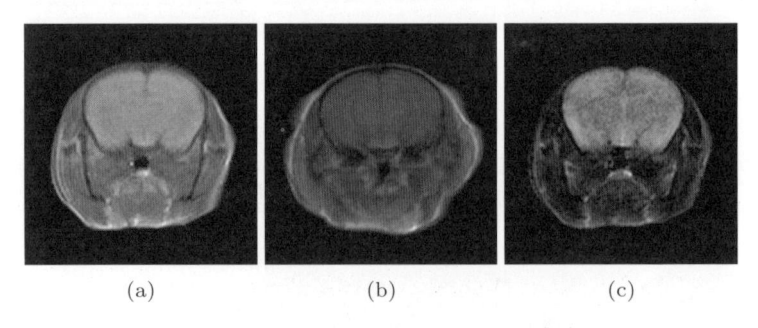

図 5.11　スピンエコー法による頭部断層画像
(a) 密度強調画像 (TR = 1000ms, TE = 15ms), (b) T_1 強調画像 (TR = 500ms, TE = 15ms), (c) T_2 強調画像 (TR = 1000ms, TE = 60ms).

よび，3D シーケンスを使うことにより，実質上の信号積算を行って，人体頭部と同等の SNR を実現している．

さて，多数の断層面を効率よく撮像する方法として，3D 撮像の他にマルチスライス法があり，臨床用 MRI では，主に，この手法が使われている．ところが，マウス撮像では，画素あたりの SNR が不足するため，仮にマルチスライス法を使った場合でも，かなりの回数の信号加算を必要とする．よって，このような場合には，スライスのプロファイルが良好で，ギャップなしに多数の断層像を撮像できる 3D イメージングが，多くの場合に有利である．ただし，3D イメージングを用いて多数のスライスの T_2 強調画像を取得するためには，長い時間を要するため，画像コントラストはある程度犠牲になるが，高速スピンエコーを用いることも考えるべきであろう．

(b) 3D FLASH 法による頭部画像

スピンエコー法は，MRI の基本的な画像コントラストを提供するが，SNR の点では最適とはいえず，このため，多くの場合，かなり長い撮像時間を必要とする．これに対し，画像コントラストはやや犠牲になるが，高速に T_1 強調画像を得る代表的なシーケンスが，FLASH 法 [7,8] である．

図 5.12 は，マウスの脳の axial 面，coronal 面，sagittal 面に平行な断層面を，$128 \times 128 \times 32$ の画像マトリクスで，2〜4 分の撮像時間で計測した画像である．なお，撮像パラメタは，axial 面においては，TR = 30ms，TE = 5ms，フリップ角 (FA)80°，coronal 面においては，TR = 30ms，TE = 7ms，フリッ

(a) (b) (c)

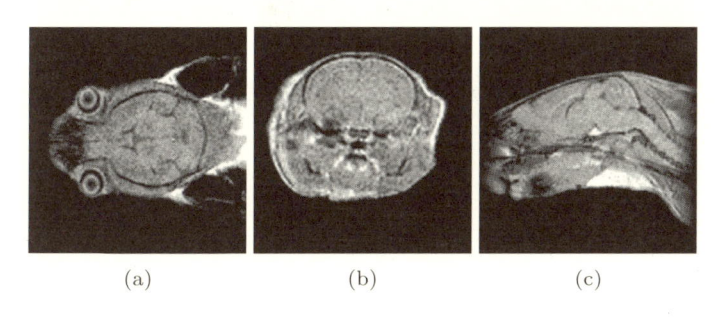

図 5.12　FLASH 法による頭部断層画像
(a) axial 断層画像，(b) coronal 断層画像，(c) sagittal 断層画像．

プ角 (FA) 55°, sagittal 面においては, TR = 25ms, TE = 5ms, フリップ角 (FA)55° である.

なお, FOV は面内で 25.6mm × 25.6mm, スライス厚は 1mm とした. 信号積算回数 (NEX) は, axial では 2 回, coronal と sagittal では 1 回であるので, それぞれの撮像時間は, 4 分, 2 分, 2 分である. このように, FLASH 法を用いると, 数分以内で, T_1 強調画像を得ることができる.

(c) 3D FLASH 法による腹部画像

FLASH のような高速イメージングは, 腹部の撮像に特に有用である. これは, 腹部は, 呼吸や拍動による規則的な動きばかりでなく, 不規則な動きもしばしば見られるため, 撮像時間そのものを短くする必要があり, しかも, モー

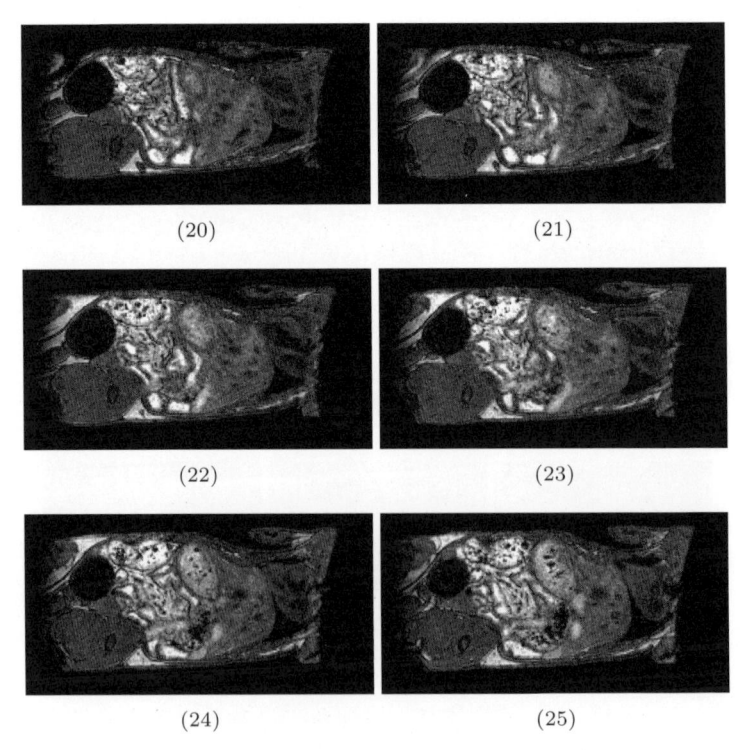

(20)　　　　　　　　　(21)

(22)　　　　　　　　　(23)

(24)　　　　　　　　　(25)

図 5.13　FLASH 法による腹部断層画像
画像の下に示す数字は coronal 面に平行な断層面の順番（次ページへ）.

5.5 マウスの撮像例

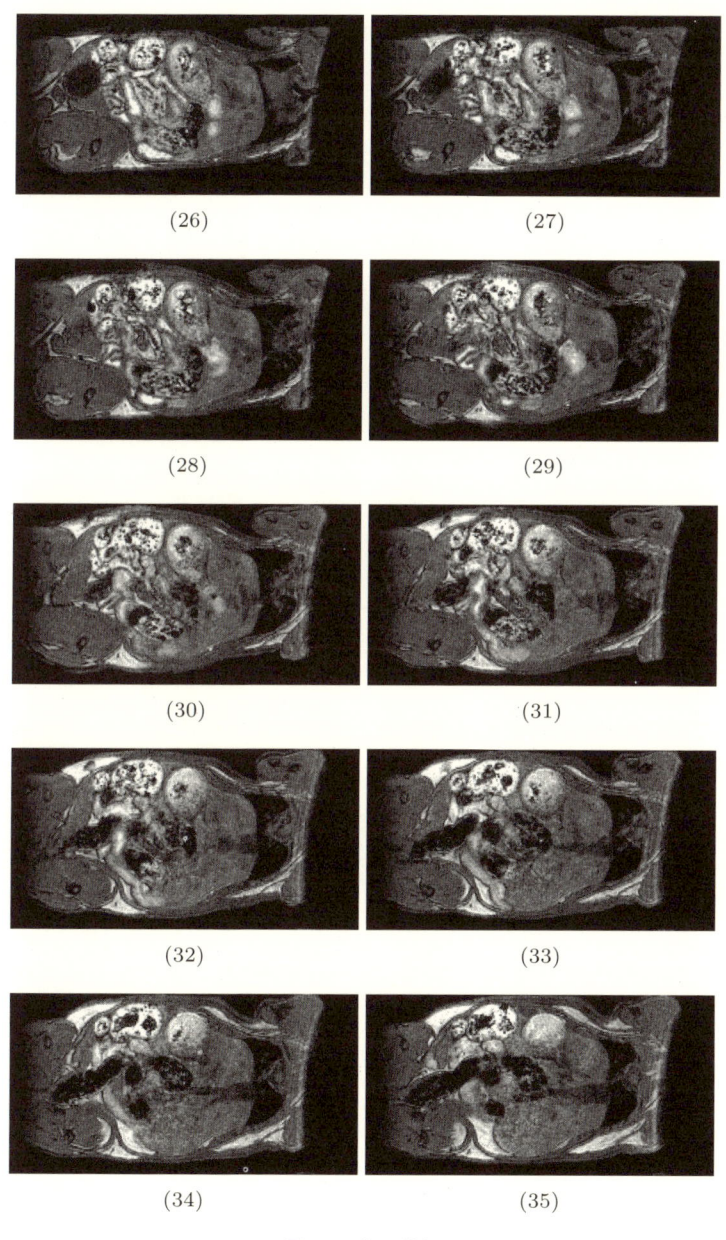

(26)　　　　　　　　(27)

(28)　　　　　　　　(29)

(30)　　　　　　　　(31)

(32)　　　　　　　　(33)

(34)　　　　　　　　(35)

図 5.13（つづき）

第 5 章　マウス・ラット用 MRI

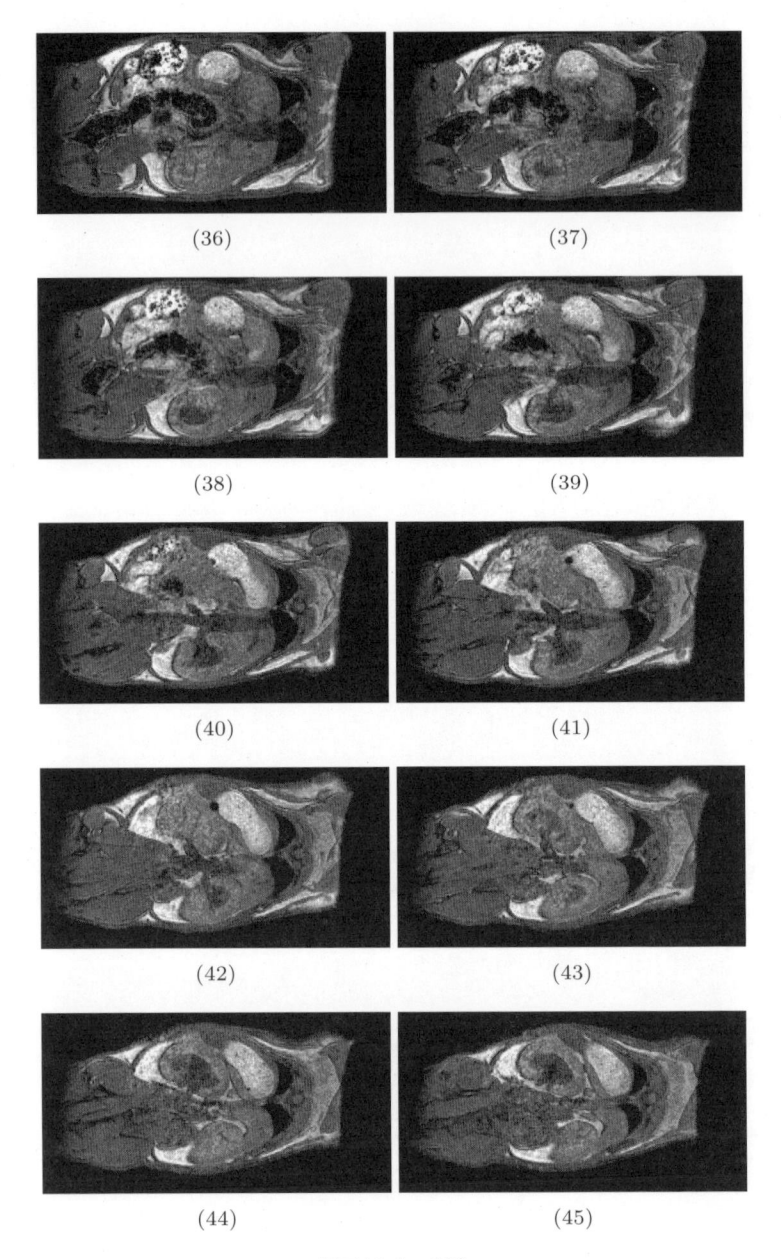

(36)　(37)

(38)　(39)

(40)　(41)

(42)　(43)

(44)　(45)

図 5.13（つづき）

ションアーチファクトの原因となる，勾配磁場の一次モーメントを小さくする必要があるからである．また，TR を短くすることができることも，腹部のモーションアーチファクトを抑制する上で，きわめて有用である．FLASH では，TR と TE を短くすることができるため，これらの条件を満たすことができる．

図 5.13 に，マウスの腹部を，TR = 30ms，TE = 5ms，FA=50° の FLASH シーケンスで，coronal 面に平行な面で撮像した結果を示す．FOV は，$32mm(x) \times 64mm(y) \times 32mm(z)$，画素数は $128(x) \times 256(y) \times 64(z)$，画素サイズは，$250\mu m \times 250\mu m \times 500\mu m$ である．信号積算回数は 2 としたため，全計測時間は 14 分であった．

以上の図に示されるように，動きによるアーチファクトはほとんど観測されず，肺野も明瞭に描出され，心臓の外形も描出されている．これは，エコー時間が短いため，信号読み取り方向の勾配磁場の一次モーメントが小さく，呼吸運動などによる位相シフトが小さいことによるものと思われる．

このように，TR と TE の短い FLASH を使うことにより，呼吸同期や心拍同期を行わなくとも，モーションアーチファクトのない腹部の撮像が可能である．

5.5.3　Mn^{2+} イオンによる造影

Mn^{2+} を投与することにより，脳内の神経活動などを，T_1 の短縮効果で描出することができることが知られている [9]．これは，Mn^{2+} が，神経路にある Ca^{2+} チャンネルを通して細胞内に蓄積され，細胞内の水プロトンの T_1 を短縮させるからである．

本システムにおけるこの造影効果の描出能を評価するために，0.8%の $MnCl_2$ 水溶液 (20mg/kg) と 1.9%グルコース水溶液を 1 対 1 に混ぜ合わせた混合液 0.6ml を，マウスの両脇から皮下注射し，その後 12 日間 MR 撮像を行った．図 5.14 は，$MnCl_2$ 注入 2 日後における，3D スピンエコー法による撮像結果である．画素数は $128 \times 128 \times 16$，FOV は $25.6mm(x) \times 32mm(y) \times 25.6mm(z)$，スライス厚は 2mm，面内画素サイズは $200\mu m \times 200\mu m$，NEX は 1 である．密度強調画像，T_1 強調画像，T_2 強調画像それぞれの撮像パラメタは，TR/TE = 2000ms/15ms，500ms/15ms，2000ms/80ms，撮像時間はそれぞ

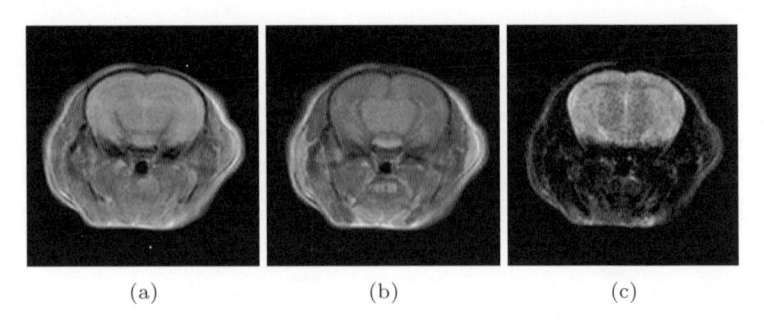

図 5.14　スピンエコー法による Mn^{2+} 造影頭部断層画像
(a) 密度強調画像（TR = 2000ms, TE = 15ms），(b) T_1 強調画像（TR = 500ms, TE = 15ms），(c) T_2 強調画像（TR = 2000ms, TE = 80ms）．

れ，72 分，20 分，72 分である．

この図を図 5.11 と比較すれば，さまざまな部分の画像コントラストが向上していることがわかる．ところが，このような厚いスライスの画像では，どのような部分が造影されているか明瞭でないため，さらに，3D FLASH 法による等方的マトリックスを用いた撮像を行った．

図 5.15 に示す画像は，$MnCl_2$ 注入 8 日後の，3D FLASH 法（TR = 30ms, TE = 5ms, FA = 80°, NEX = 8）による撮像結果である．画素数は 256 × 128 × 128，画素サイズは 200μm 立方，撮像時間は約 90 分である．図 15.5(a) では，海馬と下垂体前葉，図 15.5(b) では，嗅球，海馬，下丘などの信号強度

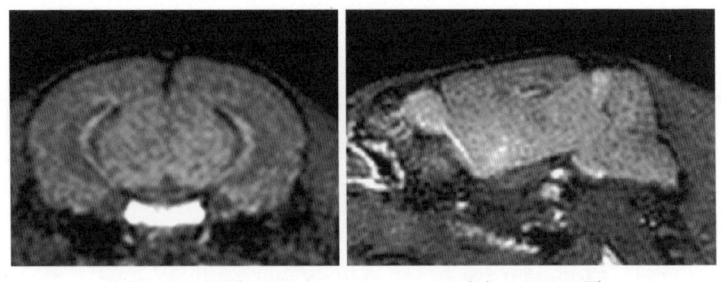

(a) coronal 面　　　　(b) sagittal 面

図 5.15　3D FLASH による Mn^{2+} 造影頭部断層画像

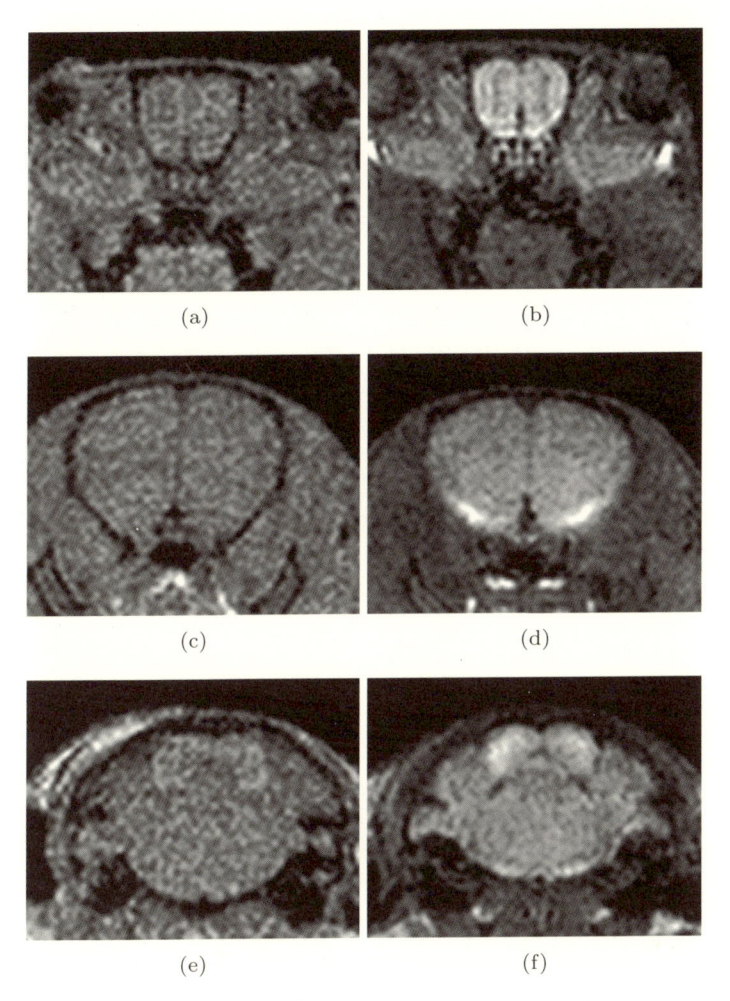

図 5.16　3D FLASH による Mn^{2+} 造影頭部断層画像（coronal 面）
(a), (c), (e) はコントロールマウス，(b), (d), (f) は Mn^{2+} を投与したマウス．

が増大していることがわかる．

　図 5.16 は，Mn^{2+} によってどの部分が造影されるかを明らかにするために，Mn^{2+} を投与していないマウスと，Mn^{2+} 投与後 8 日後のマウスを，それぞれ 3D FLASH 法で撮像し，同じ部位を比較した画像である．Mn^{2+} を投与

していないマウスの撮像パラメタは，TR = 25ms，TE = 5ms，FA = 60°，NEX = 10 であり，投与後 8 日間の画像データは，図 5.15 と同じものである．いずれも，画素数は 256 × 128 × 128，画素サイズは 200μm 立方である．

図 5.16(a), (b) は，画像中央の上部に見える球状の領域である嗅球 (olfactory bulb) を含む断層面での比較であり，Mn^{2+} による造影効果は，マウスの嗅覚を司る嗅球の活動性がきわめて高いことを示している．また，嗅球内部の縞状の構造も描出されている．図 5.16(c), (d) では，下垂体後葉 (posterior pituitary) が造影されていることがわかる．図 5.16(e), (f) は，画像中央上部に見える下丘 (inferior colliculus) を含む断層面での比較であり，マウスの聴覚を司る下丘の活動性も高いことを示している．

以上のような画像は，より高磁場の動物用 MRI でも観測されているが [10]，1.0T の MRI でも描出可能であることは，このような応用にも，本システムが適用可能であることを示している．

5.6 ラットの撮像例

図 5.17 に示すのは，8 週齢の Wister ラットを，3D スピンエコー法で撮像した画像である．図 5.17(a) は，T_1 強調画像であり，撮像パラメタは，TR = 500ms，TE = 15ms，NEX = 1，図 5.17(b) は，T_2 強調画像であり，撮像パラメタ

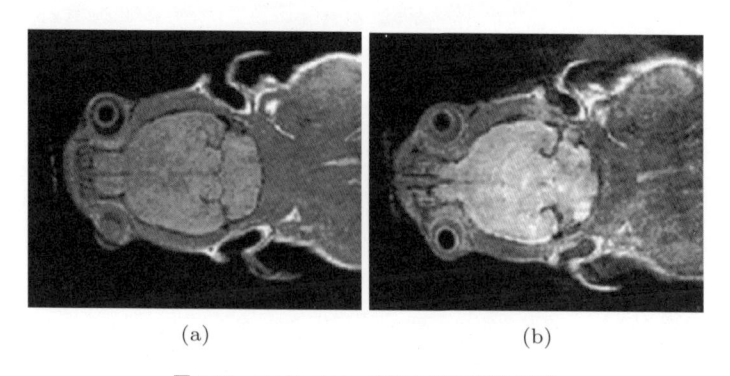

(a) (b)

図 5.17 スピンエコー法による頭部断層画像
(a) T_1 強調画像 (TR = 500ms，TE = 15ms)，(b) T_2 強調画像 (TR = 1000ms，TE = 60ms)．

は，TR = 1500ms，TE = 45ms，NEX = 1 である．いずれも，画像マトリクスは，256×128×32，画素サイズは面内で 300μm × 300μm，スライス厚は 1mm である．また，撮像時間は，それぞれ，40 分，110 分である．このように，ラットでは，マウスと同程度の撮像時間で，より高い SNR の画像を得ることができる．

本章では，主にマウスに焦点を絞り解説してきたが，図 5.17 に示すように，ラットを用いれば，同等の解剖学的分解能で，マウスより高い SNR の画像を取得することができる．以上の結果より，図 5.5 に示す本システムの撮像可能領域（直径 3.5cm × 長さ 5cm の円筒状の領域）は，ラット腹部の撮像には適さないが，マウスの頭部，腹部，そしてラットの頭部の撮像には十分な領域と結論できる．

引用文献

[1] Natt O, Watabnabe T, Boretius S, Michaelis T, Frahm J. In Vivo High-Resolution MRI of Mouse Brain at Low Field (2.35T). Proceedings of The 10th Annual Meeting of ISMRM, Honolulu, 2002; p.1253.

[2] Beck B, Plant DH, Grant SC, Thelwall PE, Silver X, Mareci TH, Benveniste H, Smith M, Collins C, Crozier S, Blackband SJ. Progress in high field MRI at the University of Florida, MAGMA, 2002; 13:152–157.

[3] 白猪亨．マウス・ラット用コンパクト MRI の開発．筑波大学大学院理工学研究科修士論文 2004 年 2 月．

[4] Haishi T, Uematsu T, Matsuda Y, Kose K. Development of a 1.0 T MR microscope using a Nd-Fe-B permanent magnet. Magn Reson Imaging 2001; 19:875–880.

[5] Houllt DI, Richards RE. The signal to noise ratio of the nuclear magnetic resonance. J Magn Reson 1976; 24:71–85.

[6] 巨瀬勝美．NMR イメージング 2004; 共立出版，p.195．

[7] Hasse A, Frahm J, Matthaei JD, Hanicke W, Merboldt KD. FLASH

imaging. rapid NMR imaging using low flip-angle pulses. J Magn Reson 1986; 67:258–266.

[8] 巨瀬勝美. NMR イメージング 2004; 共立出版, p.129.

[9] Lin Yi-Jen, Koretsky AP. Manganese ion enhances T_1-weighted MRI during brain activation:an approach to direct imaging of brain function. Magn Reson Med 1997; 38:378–388.

[10] Watanabe T, Natt O, Boretius S, Frahm J, Michaelis T. In vivo 3D MRI staining of mouse brain after subcutaneous application of $MnCl_2$. Magn Reson Med 2002; 48:852–859.

第6章　骨密度計測用MRI

6.1　はじめに

6.1.1　骨粗鬆症と従来の骨量計測法

　骨粗鬆症は，骨量の減少と骨組織の微細構造の破綻によって，骨折しやすくなった全身性の疾患と定義され，主に，加齢とともに発症するといわれている．特に，多くの先進国では，70歳以上の女性の約半数が骨粗鬆症であり，さらに，これが素因となって起こる大腿骨頸部骨折は，老人が寝たきりになる原因の上位を占めている．少子高齢化社会を迎え，このような老人介護のための費用は，医療費の高騰を招いており，骨粗鬆症の予防と治療は，緊急な社会的要請にもなっている．

　骨粗鬆症の予防や治療を行うためには，その診断の基礎となる骨量計測が不可欠である．骨量計測法として，現在実用化され，実施されている手法には，**X線二重エネルギー吸収計測法** (dual energy X-ray absorptiometry: DEXA もしくは DXA)，**末梢骨定量的X線CT法** (peripheral quantitative X-ray CT: pQCT)，**定量的超音波法** (quantitative ultrasound: QUS)，中手骨を対象としたX線投影法である **Microdensitometry法（MD法）**などがある．さらに，DXAは，全身や腰椎を対象とした全身DXAと，橈骨などを対象とした末梢骨DXAに分類される．これらの装置の国内における納入状況を，図6.1に示す[1]．

　以上のように，これまで，さまざまな骨量計測法が提案され，使用されてい

第 6 章　骨密度計測用 MRI

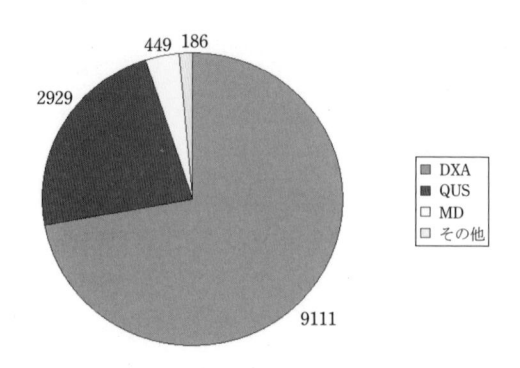

図 6.1　国内における骨量計測装置の累積納入台数

2003 年 1 月時点の調査結果であり，合計で 12,675 台である．一部の設備の更新が行われていると推定されるため，現在の利用状況とは異なる．

るが，現時点において，臨床的には，骨粗鬆症のスクリーニングには QUS を使用し，確定診断には腰椎 DXA を使用するというすみ分けができつつある．これは，QUS には，放射線被曝がなく，装置を小型化でき（10kg 程度），測定が簡便であること，また，腰椎 DXA は，腰椎が骨粗鬆症による骨折が最も顕著に現れる部位であり，放射線被曝も，QCT などに比べれば，かなり少ないことなどによるものである．

　ところが，QUS と腰椎 DXA にも，いくつかの欠点がある．すなわち，QUS の欠点は，計測値の物理的意義が不明確であり，しかも，計測位置が精度良く決まらないということである．また，腰椎 DXA の欠点は，投影による計測法であるため，大動脈の石灰化や，腰椎の退行性変化の影響を排除できないこと，また，皮質骨と海綿骨を分離して計測することができないことなどである．

　以上のように，現在広く使用されている骨量計測法にも，多くの欠点があり，これらを克服する骨量計測法の開発が期待されている．MRI は，これらの欠点の多くを克服し，さらに新しい情報を与えるものと期待されている．

6.1.2　MRI による骨量計測法

　MRI による骨量計測は，1990 年ごろより始められ，これまでに，3 つの方法が提案されている．

6.1 はじめに

　第一の方法は，海綿骨の骨髄に含まれるプロトンを，高い空間分解能で撮像することにより，海綿骨と骨髄を画像上で分離し，海綿骨の体積率を求める方法である（**高分解能 MRI 法**：high-resolution MRI method）[2-5]．この方法は，コンセプトの上でも，最も直接的な方法であり，海綿骨の三次元的構造を可視化することにより，骨の力学的性質に関する情報も得られる，大変優れた方法である．ところが，海綿骨を画素上で分離するためには，100 ミクロン程度の空間分解能を必要とするため，測定には長い時間を要し，さらに，1つの画素内に骨と骨髄が共存することによる**部分体積効果**（partial volume effect）があるため，解析にも注意が必要である．

　第二の方法は，海綿骨の微細構造よりも大きな画素サイズ（低い空間分解能）で撮像し，その画素強度を標準物質の画素強度と比較することにより，骨髄の占める体積，すなわち，**海綿骨骨髄体積率**（trabecular marrow volume fraction: TMVF）を求め，その相補的な量として，**海綿骨体積率**（trabecular bone volume fraction: TBVF）を求める方法である（**低分解能 MRI 法**：low-resolution MRI method）[6]．この方法では，TMVF ないし TBVF しか得られないが，これらを求める方法としては，簡便な方法である．

　第三の方法は，海綿骨と骨髄の磁化率の差に起因する局所的な不均一磁場を，FID 信号の減衰率（R_2^*）により評価し，これから骨密度を評価する方法である（**磁化率法**：magnetic susceptibility method）[7-14]．この方法は，信号強度の補正が不要で，しかも，静磁場と骨の角度に対する R_2^* を計測することにより，骨構造の方向性に関する情報を得ることができる方法である．ただし，R_2^* の精度を確保するためには，高磁場（1.5T 以上）で実施する必要がある．

　以上の方法は，これまで，すべて全身用 MRI を用いて行われてきた．ところが，日常的な骨密度測定装置として使用することを考えた場合，全身用 MRI の使用は，非現実的であり，小さなスペースで，かつ妥当な検査コストで計測を実施できる装置が望まれる．そこで，以下の節に示すように，永久磁石磁気回路を用いた，骨密度計測用のコンパクトな MRI を開発した [15,16]．

6.2 骨密度計測用コンパクト MRI の構成

骨密度計測用のコンパクトな MRI を構築する場合に，考慮すべき点が，少なくとも 2 つある．

第一点は，装置の小型化を行うためには，できる限り小さな末梢骨を計測対象とすべきであるという点である．すなわち，計測対象として考えられる部位は，他の計測手法で用いられている部位を参考にすると，指骨，中手骨，撓骨，踵骨である．ただし，末梢骨の骨密度を用いて，骨粗鬆症の診断を行ったり，大腿骨頸部骨折のリスク評価などを行う場合には，注意深い検討が必要である．

第二点は，装置の小型化に適した MRI 計測手法を使用すべきであるという点である．前の節で 3 つの手法を紹介したが，高分解能 MRI 法と磁化率法は，高磁場磁石を必要とし，低分解能 MRI 法は，低磁場磁石でも実現可能である．よって，コンパクトな MRI を構築する場合は，低分解能 MRI 法を採用し，永久磁石磁気回路を使用することが現実的な選択である．

以上の 2 つの点を考慮することにより，**踵骨** (calcaneus) を計測対象とし，永久磁石磁気回路を用いた低分解能 MRI 法によるシステムが，最適であると結論した．すなわち，上記の要請を満たすばかりでなく，永久磁石の設置位置を低くでき，力学的に安定なシステムの構築ができる．また，広く普及している QUS と同じ部位を撮像できるため，異なった計測手法間の比較が容易であるという長所も有している．さらに，踵骨は，95%が海綿骨から形成され，骨代謝を早期に反映するという利点を有している．ただし，加重骨のため，運動の影響が大きく，骨代謝そのものを評価するには注意を要するとの指摘もある．以上の考察に従って，筆者らが開発した骨密度計測用コンパクト MRI の全容を図 6.2(a) に示す．

図に示すように，計測は，踵を永久磁石磁気回路のギャップの間に固定された RF プローブ（図 6.2(b)）の中に挿入することにより行う．永久磁石磁気回路の仕様は，静磁場強度 0.21T，ポールピース直径 40cm，ギャップ 16cm，均一度 50ppm (13cm 球)，重量約 500kg である．被験者と磁石・検出部は，外部からの電磁波の混入を避けるため，銅メッシュを用いたシールドルームに収容されている．撮像エレクトロニクスには，第 2 章で述べた，コンパクト MRI コ

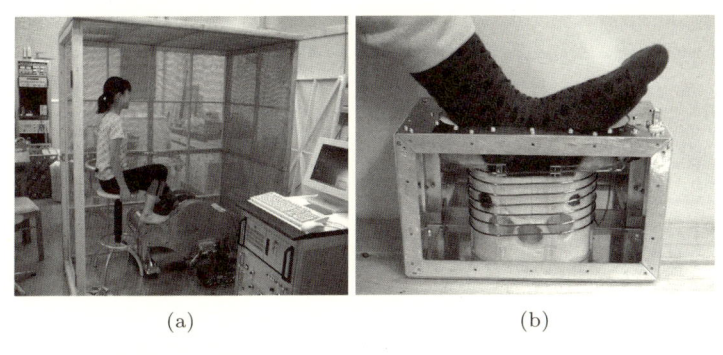

図 6.2 (a) 骨密度計測用コンパクト MRI の全容と (b)RF プローブの内部構造

ンソールを使用し,システム全体は,2m × 2m のスペースに設置可能である.

RF プローブは,幅 15cm,奥行き 28cm,高さ 16cm の真鍮製 RF シールドボックスの中に,長さ 14cm,幅 8cm,高さ 8cm の長円形の RF コイル(7 ターン)を固定し,上方の長円形の開口(長さ 21cm,幅 8.4cm)より,図のように踵を挿入する構造となっている.RF コイルの中には,踵を固定するためのポリスチレン製のパッドが挿入されており,そのパッドの中には,プロトン密度の外部標準となる植物油ファントムが,図のように挿入されている.

6.3 踵骨の解剖学的構造

踵骨の大きさは,個人差はあるが,成人で,幅 2.5cm 程度,長さは数 cm であり,複雑な形状を有している.骨密度計測には,踵骨全体を評価することが望ましく,しかも,踵骨内の骨密度の変化も指摘されているが [5,17],装置上の制約などのため,計測領域は,しばしば制限される.よって,本装置で撮像される踵骨の解剖学的構造を充分に把握した上で,撮像条件(断層面の位置や骨密度評価領域など)を決定すべきである.

以上の目的のため,まず,三次元勾配エコー法(TR = 100ms,TE = 10ms)を用いて,踵骨の解剖学的構造を描出した(被験者は 48 歳男性).画素数は $128 \times 128 \times 128$,画素サイズは 1mm 立方であり,フーリエ補間により,$256 \times 256 \times 256$ 画素とした.図 6.3 に,その中央部の鉛直断面を,0.5mm 間

第 6 章　骨密度計測用 MRI

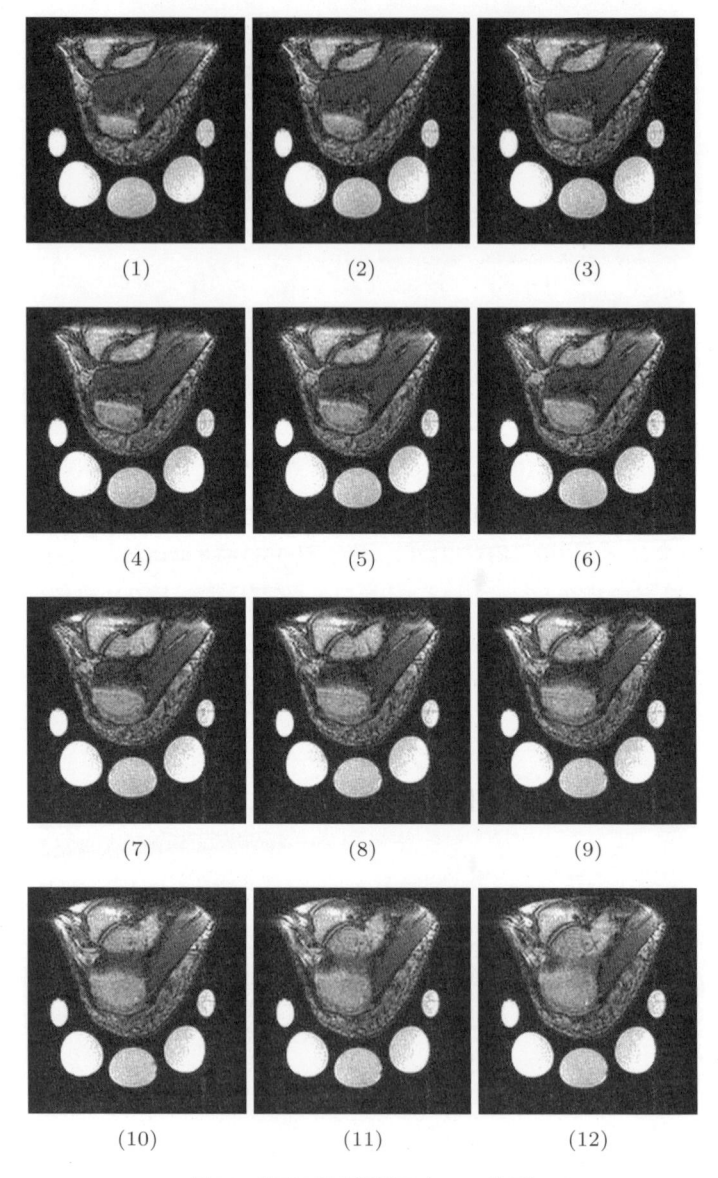

(1)　　　　　(2)　　　　　(3)

(4)　　　　　(5)　　　　　(6)

(7)　　　　　(8)　　　　　(9)

(10)　　　　　(11)　　　　　(12)

図 6.3　踵骨の連続断層面（1〜12 枚目）

6.3 踵骨の解剖学的構造

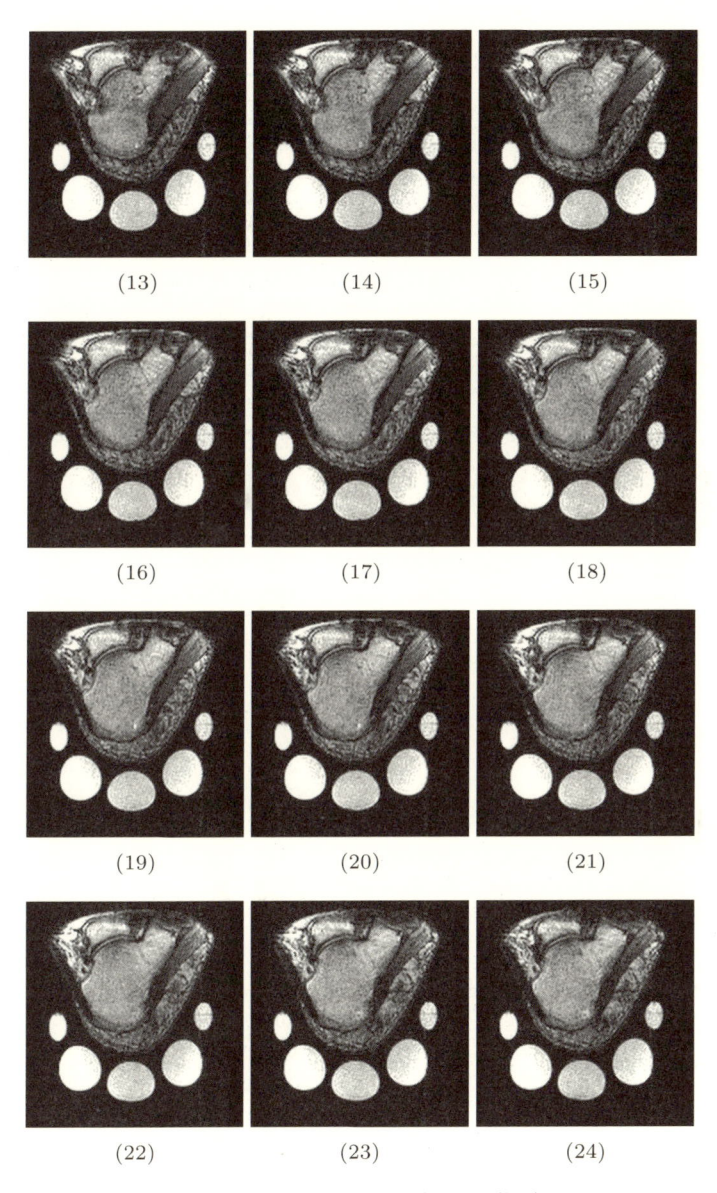

(13)　　　　　　(14)　　　　　　(15)

(16)　　　　　　(17)　　　　　　(18)

(19)　　　　　　(20)　　　　　　(21)

(22)　　　　　　(23)　　　　　　(24)

図 6.3　踵骨の連続断層面（13〜24 枚目）

第 6 章　骨密度計測用 MRI

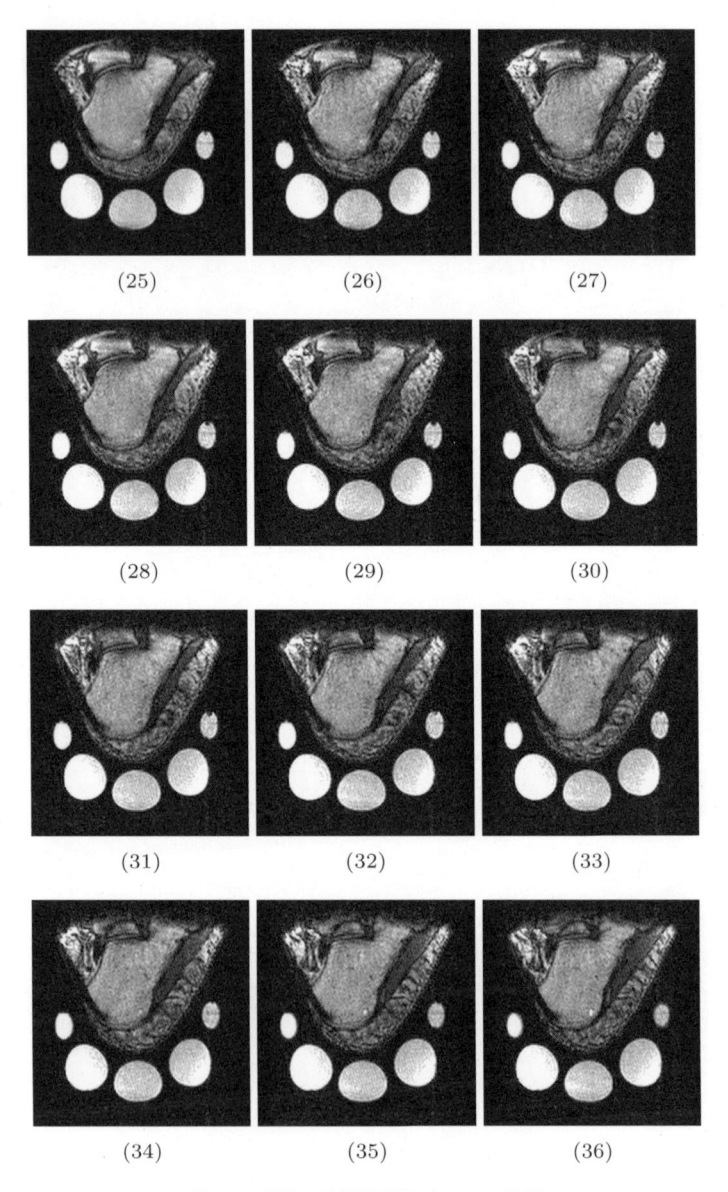

(25)　(26)　(27)

(28)　(29)　(30)

(31)　(32)　(33)

(34)　(35)　(36)

図 6.3　踵骨の連続断層面（25～36 枚目）

6.3 踵骨の解剖学的構造

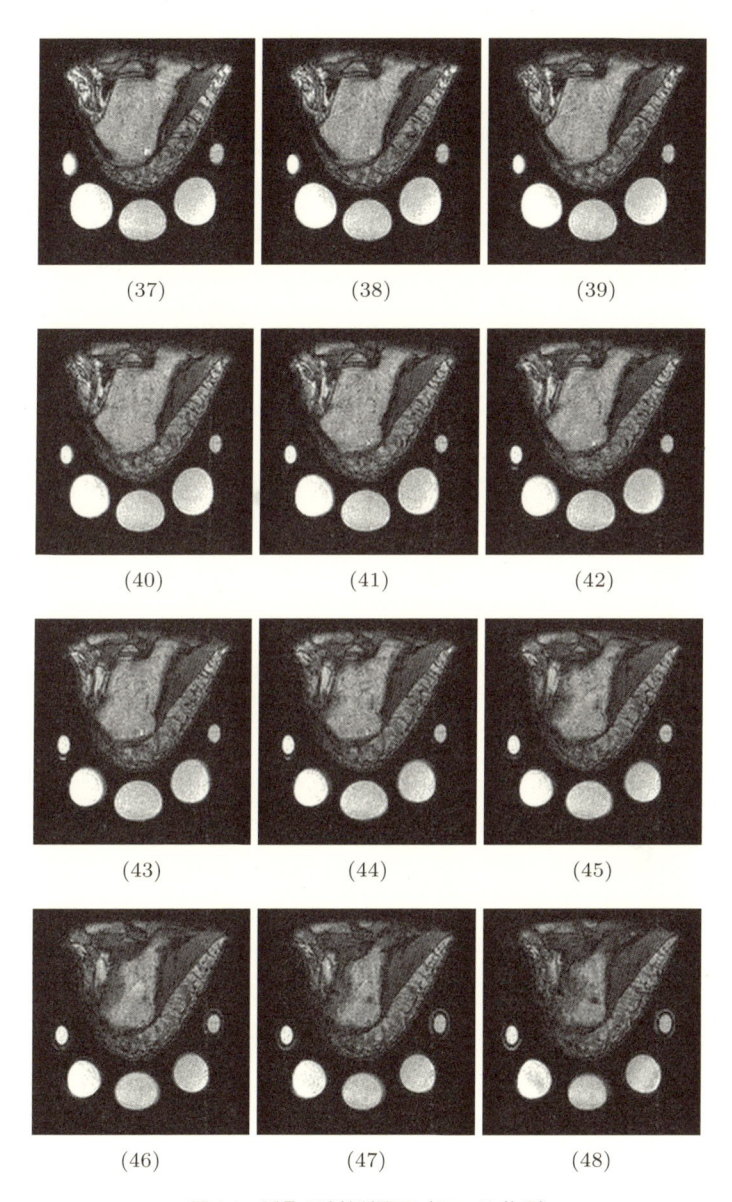

(37) (38) (39)
(40) (41) (42)
(43) (44) (45)
(46) (47) (48)

図 6.3 踵骨の連続断層面（37〜48 枚目）

隔で順に示す．

以上の画像からわかるように，踵骨は，鉛直断層面において，片方の表面は，図 6.3(1)〜(12) に示すように，数 mm 以上の断層にわたって2つに（画像上で上下に）分離しているが，もう1つの表面は，図 6.3(37)〜(48) に示すように，鉛直断層面にほぼ平行である．すなわち，図 6.3(13)〜(45) に示す鉛直断層面（全体のスライス厚は約 16mm）は，広い範囲で踵骨をカバーしている．よって，成人の場合，10mm 程度のスライス厚の二次元鉛直断層面で，踵骨を撮像することにより，その画像の広い範囲で，骨密度の評価が可能である．

6.4 骨密度計測の方法

6.4.1 海綿骨密度計測の原理

図 6.4 に，二次元スピンエコー法を用い，踵骨と植物油を，二次元断層面で撮像した画像を示す．

スピンエコー法で，二次元断層像を取得した場合，その画素強度 $I(x,y)$ は，

$$I(x,y) = kf(x,y)\rho(x,y)\{1 - p(x,y)\exp(-TR^*/T_1(x,y))\}$$
$$\times \exp(-TE/T_2(x,y)) \qquad (6.1)$$

と表すことができる（Jカップリングの項は無視したが，これに関しては後述）．k は，受信系のゲインやプローブのチューニングの変化など，全体に一様な画素強度変化を表すパラメタ，$f(x,y)$ は，静磁場の不均一性などによるスライス厚の不均一性，勾配磁場の非線形性による画素濃度の不均一性，高周波磁場の不均一性によるフリップ角の分布と，それと同様のメカニズムによる検出感度の不均一性など，さまざまな要因による空間的変化を表す関数である．$\rho(x,y)$ は核スピン密度分布，$T_1(x,y)$ と $T_2(x,y)$ は T_1 と T_2 の分布である．$p(x,y)$ は，縦磁化の緩和に関係する項で，理想的なスピンエコー法（90°–180° 励起）で，$TE \ll TR$ の場合には，1となる定数である．TR^* はパルスシーケンスの繰り返し時間に近い時間，TE はエコー時間である．

式 (6.1) に基づき，プロトン密度 $\rho(x,y)$ を，できるかぎり少ない計測回数によって，精度良く求めるために，以下の (1)〜(3) の方針を用いた．

6.4 骨密度計測の方法

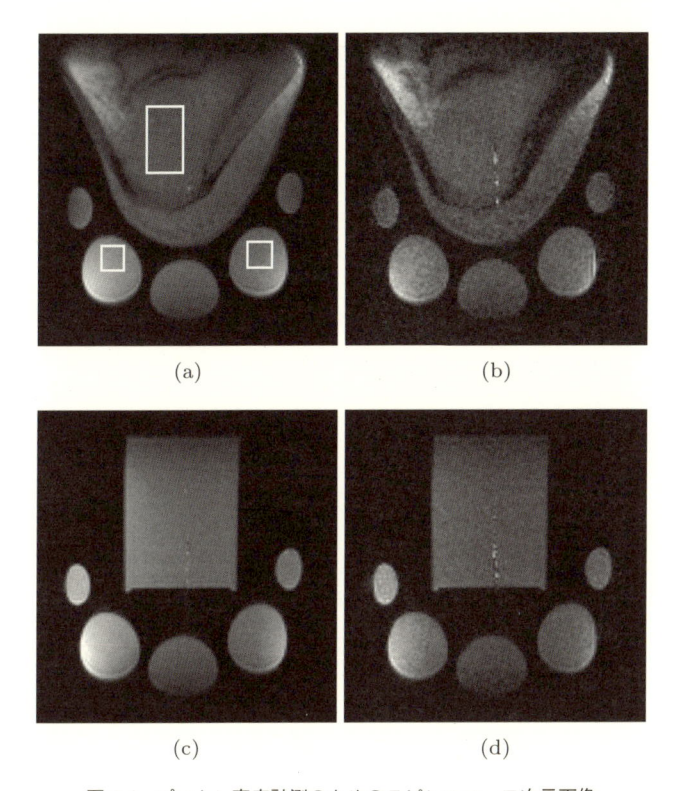

図 6.4 プロトン密度計測のためのスピンエコー二次元画像
(a), (c) は TE = 12ms, (b), (d) は, TE = 96ms. (a) の画像上に示した ROI は, プロトン密度の算出に使用. (c), (d) では, 踵の代わりに, 植物油ファントムを撮像.

(1) T_1 に関する項が無視できるように, TR = 1200ms のシーケンスを用いる.
(2) T_2 に関する項を補正するために, シングルエコー法で 2 回撮像する.
(3) k, $f(x,y)$ を計測するため, 外部標準ファントムとの同時撮像, および, 踵の代わりに挿入した密度標準ファントムの撮像を行う.

上記の方針 (1), (2) に従って, T_1 と T_2 に関する項を除去すると, 式 (6.1) は,

$$I(x,y) = kf(x,y)\rho(x,y) \qquad (6.2)$$

となる. ただし, 踵と密度標準ファントムを置き換えた場合には, RF プローブのチューニングとマッチングの条件が変化するので, 定数 k は変化する. そ

こで，踵を撮像したときの定数を k，密度標準ファントムを撮像したときの定数を k' とし，図 6.4(a) に示す矩形領域（ROI：region of interest）において，それぞれ緩和時間効果を補正した，踵の平均画素強度を I_C，密度標準ファントムの平均画素強度を I_P，踵と密度標準ファントムを，それぞれ計測したときの外部標準ファントムの平均画素強度をそれぞれ I_E, I'_E とおくと（ただし，外部標準ファントムの画素強度は，左右の ROI の強度を平均する），

$$I_C = k f_C \rho_C \tag{6.3}$$

$$I_P = k' f_C \rho_P \tag{6.4}$$

$$I_E = k f_E \rho_P \tag{6.5}$$

$$I'_E = k' f_E \rho_P \tag{6.6}$$

と表すことができる．ここに，f_C, f_E は，それぞれ踵，ファントムの ROI にわたって $f(x,y)$ を平均した値，ρ_C は踵の ROI における骨髄のプロトンの平均密度，ρ_P は植物油のプロトン密度である．ただし，踵の ROI では，

$$\iint_D f(x,y)\rho(x,y)dxdy = f_C \iint_D \rho(x,y)dxdy = f_C \rho_C \tag{6.7}$$

という近似を用いた．この近似は，この領域における $f(x,y)$ の変化は緩やかであるので，良い近似である．

さて，以上の式を用いると，植物油のプロトン密度 ρ_P を基準とした踵骨の海綿骨に含まれるプロトンの相対密度は，

$$\frac{\rho_C}{\rho_P} = \frac{I_C I'_E}{I_P I_E} \tag{6.8}$$

と計算される．これまでの研究によると，踵骨に含まれる骨髄は，ほとんどが黄色髄で，化学的には脂肪とほぼ同じ組成をもち [6]，植物油とほとんど同じプロトン密度を有すること [12] から，この値は，踵骨の海綿骨における骨髄の占める体積と解釈される．よって，本システムでは，この値を 1 から減じた数を，海綿骨体積率 (TBVF) とし，骨密度に対応した物理量としている．

なお，J カップリングの効果に関しては，J 変調（脂肪のプロトンでは 10Hz 程度）がほぼリフォーカスされるエコー時間（TE = 12ms, 96ms）の画像を

使用することにより，その影響をできるかぎり排除した．

6.4.2 画像上の ROI の設定法

前の節で述べた，プロトン密度の算出方法においては，被験者毎の信号ゲインの変化は定数 k の変化によって補正でき，画素強度の空間的不均一性 $f(x,y)$ は，被験者ごとには変化しないものと仮定していた．ところが，$f(x,y)$ のうち，静磁場と勾配磁場の不均一性に関しては，被験者ごとに変化する要素はきわめて小さいが，高周波磁場分布に関しては，踵の大きさの変化などにより，RF プローブのチューニング条件は大きく変化する．よって，これにより，加える高周波のパワーは変化し，その結果，画素強度分布が変化する可能性が高くなる．

図 6.5 に，同一撮像条件で，RF パワーのみを変化させて撮像したスピンエコー画像を示し，図 6.6 に，図 6.4(a) に示す ROI における平均画素強度の RF パワーに対する変化を示す．このように，RF パワーが変化すると，画素強度分布は大きく変化する．すなわち，$f(x,y)$ は，RF パワーに大きく影響を受ける．

よって，つねに一定の高周波磁場分布で計測を行うためには，計測ごとに，ROI における信号が最大となるように，すなわち，90°–180° 条件を達成するように RF パワーを調整する操作が不可欠である．ところが，これを正確に行うことは難しく，この設定精度により，計測精度が大きく制限される可能性がある．よって，多数の被験者に対して相対的に高い精度（1%程度以上）を確保するためには，RF パワーの設定精度に影響されない計測手法の開発が不可欠である．

さて，前の節における議論からわかるように，上記のプロトン密度の計算においては，$f(x,y)$ の各 ROI における平均値の相対値しか使用していない．よって，RF パワーの設定が変化しても，$f(x,y)$ の各 ROI における平均値の比率が変化しないように ROI を設定すれば，算出されるプロトン密度は変化しない．図 6.4(a) に示した ROI は，実際にはそのように選んだ領域であり，図 6.6 に示したグラフは，そのような領域を選ぶことにより，RF パワーが変化しても，信号の相対値が，変化しないことを示している．このようにして，本システムでは，被験者間の計測値の再現性を確保している．

第 6 章　骨密度計測用 MRI

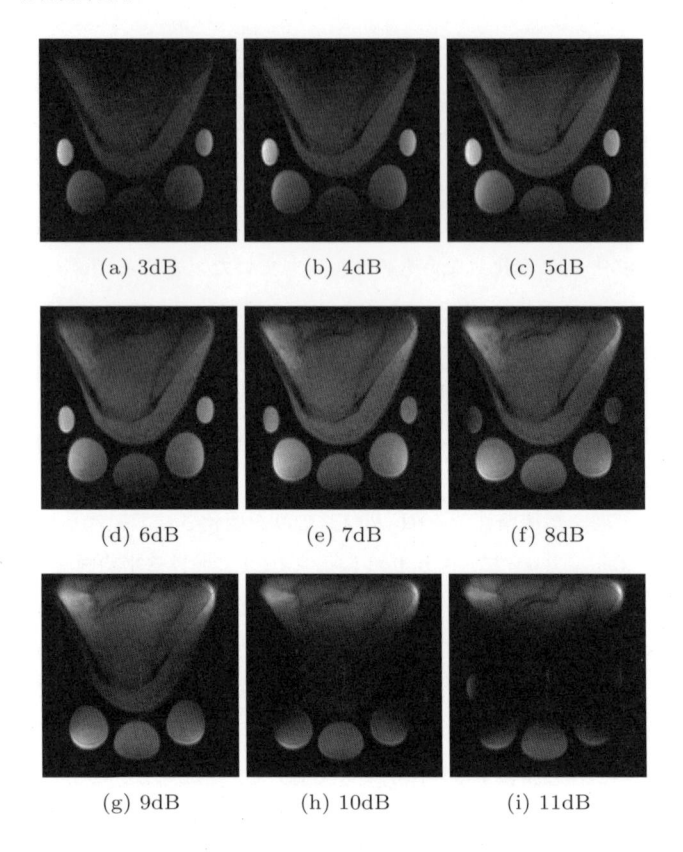

(a) 3dB　　(b) 4dB　　(c) 5dB

(d) 6dB　　(e) 7dB　　(f) 8dB

(g) 9dB　　(h) 10dB　　(i) 11dB

図 6.5　RF パワーを変化させた時の画素強度の変化

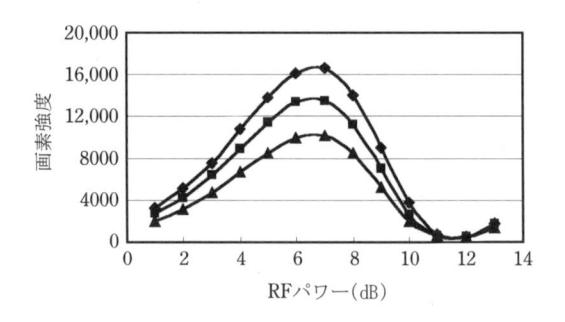

図 6.6　RF パワーの変化による画素強度の変化

6.5 計測結果

6.5.1 ファントム計測

前の節に述べた計測法の線形性と再現性を評価するために，プロトン密度ファントムを用いた計測を行った．プロトン密度ファントムは，オレイン酸と四塩化炭素を体積比で混合することにより，体積密度が 0.2～1.0 まで 0.1 間隔で 9 種類を作製した．オレイン酸を使用したのは，踵骨の骨髄が，ほぼ 100%脂肪組織で，しかもプロトン密度が，植物油ときわめて近いからである．これらのファントムを，TR が 800～4000ms（T_1 飽和がない繰り返し時間），TE が 12ms と 96ms の 2 種類のスピンエコー法で計測し，上記の手法でプロトン密度を定量化した．その結果を，図 6.7 に示す．このように，体積比と計測されたプロトン密度の間に，良好な直線性（$R^2 = 0.99958$）が得られた．

さらに，プロトンの体積密度が 0.7（踵骨のプロトン密度と同程度）のプロトン密度ファントムを用いて，10 分間隔で連続 24 回の密度計測（TR = 1200ms，TE = 12ms と 96ms のスピンエコー撮像）を行い，密度計測の再現性を評価した．図 6.8 に，TE = 12ms の画像の画素強度変化，T_2 の変化，プロトン密度の変化を示す．このように，画素強度そのものは，磁石の温度変化による共鳴周波数の変化により，数%変化するが，外部標準ファントムとの比から求められるプロトン密度の変動はわずかである．すなわち，プロトン密度の**変動係数**（coefficient of variance：CV 値，標準偏差／平均値）として，0.53%が得られた．

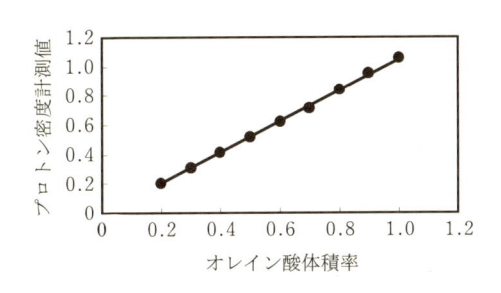

図 6.7　プロトン密度計測の直線性の評価

第 6 章 骨密度計測用 MRI

(a) 画素強度の変化

(b) T_2 計測値の変化

(c) プロトン密度計測値の変化

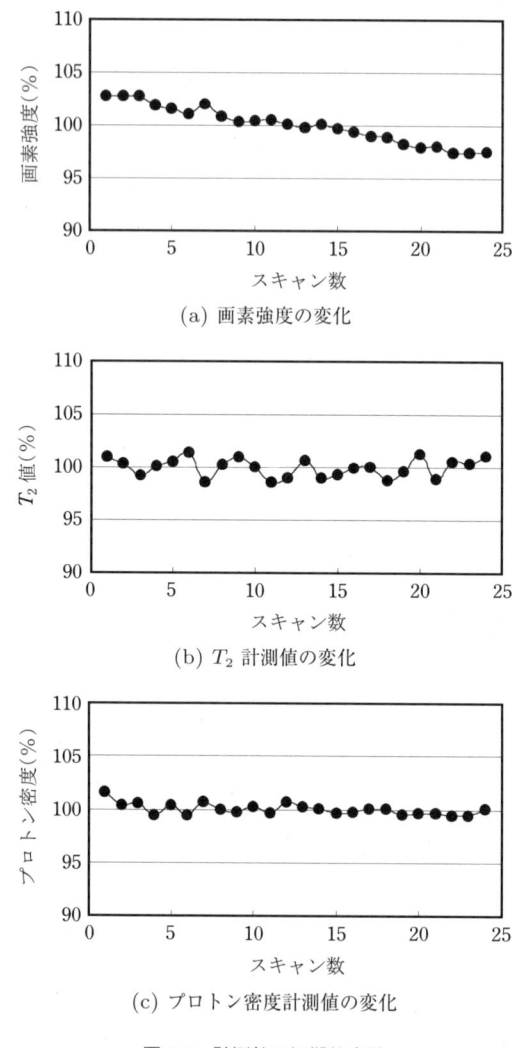

図 6.8 計測値の短期的変動

6.5.2 女性ボランティア計測

本システムの骨密度計測装置としての可能性を評価するために，いくつかの健常被験者集団を対象とし，定量的超音波法 (QUS) との比較と，長期的な再現性の評価などを目的として計測を行った．

6.5 計測結果

健常被験者集団としては，年齢 18〜23 歳の理工系女子学生 22 名（グループ A），年齢 24〜58 歳の女性事務職員 47 名（グループ B），そして年齢 18〜64 歳の女性 94 名（グループ C）を用いた．いずれの被験者に対しても，実験的内容を説明し，書面による同意を得た上で計測を行った．使用した QUS は，グループ A と B に対しては，米国 Lunar 社の Achiless1000+，グループ C に対しては，松下電器製の DM-US100 を使用し，MRI，QUS ともに右足を計測した．

図 6.9 に，グループ A, B において，QUS により得られた**音速 (speed of sound: SOS)** と MRI により得られた TBVF の相関を示す．**相関係数** (R^2) は，それぞれ 0.4539, 0.2693 であった．このように，被験者群でやや異なるが，MRI により計測された TBVF と QUS による音速の間には，かなり高い正の相関が見られた．なお，Achiless1000+ では，音速の他に，**広帯域超音波減衰 (broadband ultrasonic attenuation: BUA)** と呼ばれる量が計測され，さら

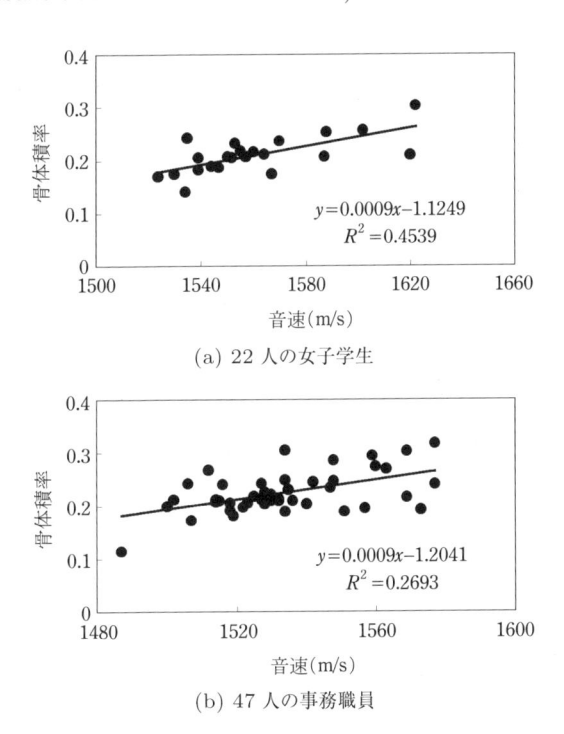

(a) 22 人の女子学生

$y = 0.0009x - 1.1249$
$R^2 = 0.4539$

(b) 47 人の事務職員

$y = 0.0009x - 1.2041$
$R^2 = 0.2693$

図 6.9 QUS による音速と MRI による骨体積率の相関

第 6 章　骨密度計測用 MRI

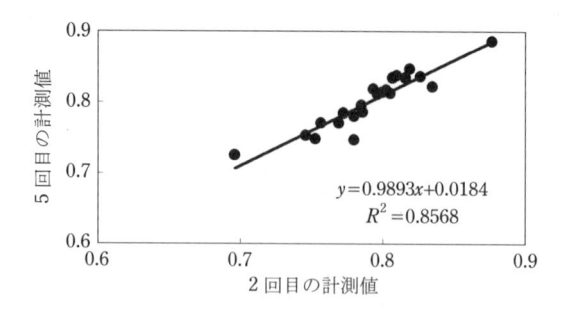

図 6.10　2 回のプロトン密度計測値の相関

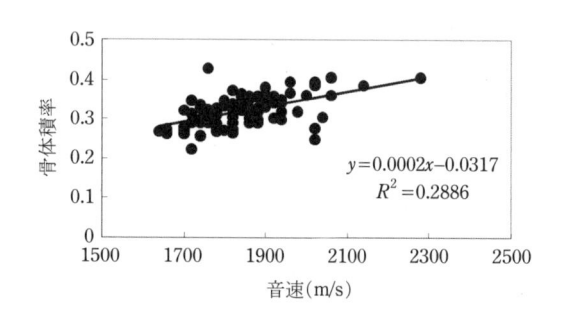

図 6.11　グループ C における音速と骨体積率の相関 (*n*=94)

に，SOS と BUA を組み合わせて，stiffness と呼ばれる骨の硬さに関する量が得られるが，音速が，骨密度との相関が最も高いといわれている．

さて，グループ A に対しては，週 2 回，連続 5 週間（合計 10 回）の MRI 計測を行い，そのうち，計測プロトコルが安定化した後期の 8 回の計測に対して，CV 値を算出した．図 6.10 は，その 8 回の計測における第 2 回目と第 5 回目の計測値の相関を示す．このように，この場合には，かなり高い相関 ($R^2 = 0.8568$) を示したが，これ以外の場合には，必ずしも高い相関が得られないこともあった．また 8 回の計測における個人ごとの TBVF の CV 値は，個人によってかなり異なり，22 名に対して 2.2〜5.3% の範囲にあった．

グループ C における，SOS と TBVF の相関を図 6.11 に示し，年齢に対する TBVF と QUS のそれぞれの変化を図 6.12 に示す．このように，広い年齢層にわたる被験者においても，SOS と TBVF の相関は高く，年齢に対しても，

(a) 骨体積率の年齢による変化

$y = -0.0012x + 0.3582$
$R^2 = 0.211$

(b) 超音波音速の年齢による変化

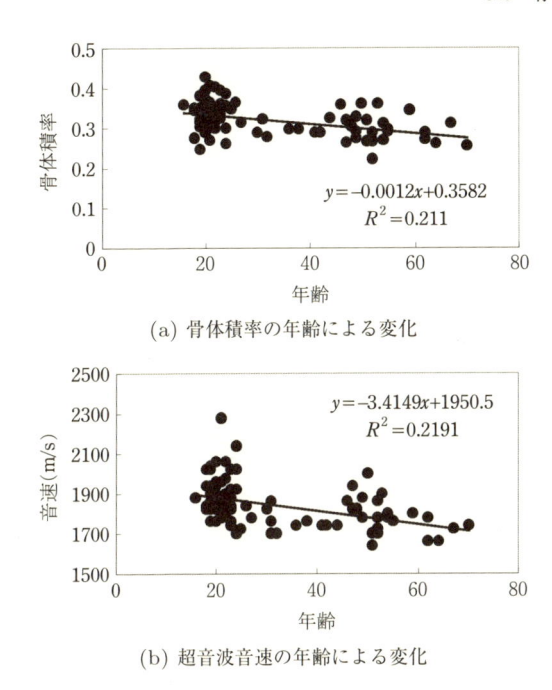

$y = -3.4149x + 1950.5$
$R^2 = 0.2191$

図 6.12 骨体積率と音速の年齢による変化 (*n*=94)

それぞれ同様にゆるやかな減少を示す傾向が見られた．

6.6 骨密度計測の精度

　骨密度計測においては，2種類の計測精度を考える必要がある．1つは，いわゆる絶対精度であり，骨密度そのものが，定義（これが明確とは限らないが）どおりにどれだけ正確に計測されているかに対応するものである．ただし，これを行うには，究極的には，屍体試料を用いた評価が必要といわれている．もう1つの精度は，いわゆる相対精度であり，ある時間間隔を置いた繰り返し計測において，どれだけ同じ計測値を得ることができるかという再現性（具体的にはCV値）によって評価される．

　新しい骨密度計測装置を考えた場合，その装置の絶対精度は，絶対精度が既

第6章 骨密度計測用 MRI

に確立されている既存の骨密度計測装置との高い相関が得られれば，これにより評価することができる．よって，装置ごとに，絶対精度の計測が必要とは限らない．むしろ必要とされるのは，計測の再現性であり，これが確保されていれば，骨粗鬆症のスクリーニングや診断，そして薬剤に対する治療効果の判定にも使用することができる．

現在，骨粗鬆症の診断は，骨密度の**健常若年者の平均値** (young adult mean: YAM) を用い，骨密度が YAM の 70% 以下の場合に骨粗鬆症，70～80% の場合が骨量減少と診断されている [18]．よって，MRI による海綿骨体積率 (TBVF) の YAM が仮に 0.3 であるとすれば，TBVF が 0.21 以下の場合に骨粗鬆症，0.21～0.24 の場合に骨量減少と診断される．すなわち，海綿骨骨髄体積率 (TMVF) に換算すると，0.79 以上の場合に骨粗鬆症，0.76～0.79 の場合に，骨量減少と診断される．これにより，健常者（TMVF が 0.76 以下）と骨粗鬆症患者を完全に識別するためには，TMVF として，約 4% 以上の再現性が必要である．

いっぽう，閉経後の骨量減少のモニタリングや，薬剤に対する治療効果の判定には，長い時間間隔にわたる骨量計測値の変化が必要とされるが，このような場合，CV 値の 2～3 倍以上の変化のみが有意と判断される [19]．よって，たとえば，ある期間における 2～3% の骨量変化を検出するためには，CV 値として 1% 以下が必要である．

以上の点を考慮し，本システムにおける計測誤差のメカニズムを，以下に解析してみよう．

6.3 節で述べたように，TMVF は，

$$TMVF = \frac{\rho_C}{\rho_P} = \frac{I_C I'_E}{I_P I_E} \tag{6.9}$$

と表される．ここで，ρ_C は，踵骨のプロトン密度，ρ_P は，密度標準ファントムのプロトン密度（植物油など）である．右辺において，I_C は，踵骨を測定したときの踵骨の画素強度，I_E は，踵骨を測定したときの外部標準ファントムの画素強度，I_P は，密度標準ファントムの画素強度，I'_E は，密度標準ファントムを測定したときの外部標準ファントムの画素強度である．ただし，これらの値は，いずれも，エコー時間の異なる画像における ROI の中の画素値を平均し，その後，それぞれ T_2 値を補正したものである．

6.6 骨密度計測の精度

T_2 の補正は，通常，エコー時間 12ms と 96ms で 2 回計測して，それより行うので，T_2 補正後のプロトン密度を I_0，それぞれのエコー時間における画素強度を I_1, I_2 とおくと，

$$I_1 = I_0 \exp(-12/T_2), \quad I_2 = I_0 \exp(-96/T_2) \tag{6.10}$$

となり，

$$\frac{I_2}{I_1} = \exp(-84/T_2) \tag{6.11}$$

より，

$$\left(\frac{I_2}{I_1}\right)^{1/7} = \exp(-12/T_2) \tag{6.12}$$

となるので，

$$I_0 = I_1 \exp(12/T_2) = I_1 \left(\frac{I_2}{I_1}\right)^{-1/7} = I_1 \left(\frac{I_1}{I_2}\right)^{1/7} = I_1^{8/7} I_2^{-1/7} \tag{6.13}$$

となる．

さて，TMVF が，各画素強度の測定値に，どのように依存するかを見るために，式 (6.9) の両辺の対数をとり，両辺の微小変化をとると，

$$\log(TMVF) = \log I_C + \log I'_E - \log I_P - \log I_E \tag{6.14}$$

より，

$$\frac{\Delta TMVF}{TMVF} = \frac{\Delta I_C}{I_C} + \frac{\Delta I'_E}{I'_E} - \frac{\Delta I_P}{I_P} - \frac{\Delta I_E}{I_E} \tag{6.15}$$

となる．

式 (6.13) より，$I_C = I_{C1}^{8/7} I_{C2}^{-1/7}$ などと書けるので，

$$\frac{\Delta I_C}{I_C} = \frac{8}{7} \cdot \frac{\Delta I_{C1}}{I_{C1}} - \frac{1}{7} \cdot \frac{\Delta I_{C2}}{I_{C2}} \tag{6.16}$$

となる．

式 (6.16) の形を，式 (6.15) に，それぞれ代入すると，

第6章 骨密度計測用 MRI

$$\frac{\Delta TMVF}{TMVF} = \frac{8}{7}\left(\frac{\Delta I_{C1}}{I_{C1}} + \frac{\Delta I'_{E1}}{I'_E} - \frac{\Delta I_{P1}}{I_{P1}} - \frac{\Delta I_{E1}}{I_{E1}}\right)$$
$$- \frac{1}{7}\left(\frac{\Delta I_{C2}}{I_{C2}} + \frac{\Delta I'_{E2}}{I'_{E2}} - \frac{\Delta I_{P2}}{I_{P2}} - \frac{\Delta I_{E2}}{I_{E2}}\right) \quad (6.17)$$

となる．この式は，4枚の画像から2カ所ずつ計測した，合計8カ所の画素強度の誤差が，それぞれ，TMVFにどのように影響を与えているかを示している．

すなわち，エコー時間12msの画像における各ROIの画素強度は，すべて，結果には同等に影響し，また，エコー時間96msの画像における各ROIにおける画素強度も，それぞれ，結果に同等に影響する．ただし，I_{C1}とI_{E1}，そしてI_{P1}とI'_{E1}のように，同時に計測される画素値において，ゲインの変化などのように，同時に変化する成分はキャンセルするが，ランダムノイズに起因するような，独立して変化する変動成分に関しては，誤差はキャンセルされない．

なお，エコー時間が96msの画像における画素強度の誤差が，TMVFに与える影響が小さいのは，図6.13に示すように，いわゆる，梃子の原理である．この図は，スピンエコー信号の減衰直線（セミログプロット）を，模式的に示すが，TE = 12msのデータを固定して考えれば，TE = 96msのデータの変動は，TE = 0ms（プロトン密度）では，縮小されたものとなる．

以上のように，計測には，必ず誤差が伴うので，計測値の使用目的に適した精度を実現することが不可欠である．

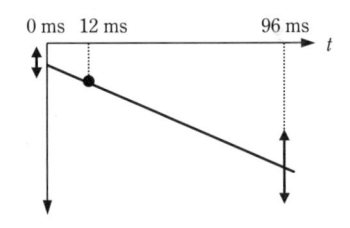

図6.13 画素強度がプロトン密度値に与える影響

引用文献

[1] Osteoporosis Japan. 日本骨粗鬆症学会誌 2003; 第 11 巻 4 号:163.

[2] Jara H, Wehrli FW, Chung H, Ford JC. High-resolution variable flip angle 3D MR imaging of trabecular microstructure in vivo. Magn Reson Med 1993; 29:528–539.

[3] Wehrli FW, Hwang SN, Ma J, Song HK, Ford JC, Haddad JG. Cancellous bone volume and structure in the forearm:noninvasive assessment with MR microimaging and image processing. Radiology 1998; 206:347–357.

[4] Link TM, Majumdar S, Augat P, Lin JC, Newitt D, Lu Y, Lane NE, Genant HK. In vivo high resolution MRI of the calcaneus:differences in trabecular structure in osteoporosis patients. J Bone Miner Res 1998; 13:1175–1182.

[5] Lin JC, Amling M, Newitt DC, Selby K, Srivastav SK, Delling G, Genant HK, Majumdar S. Heterogeneity of trabecular bone structure in the calcaneus using magnetic resonance imaging. Osteoporos Int 1998; 8:16–24.

[6] Fernandez-Seara MA, Song HK, Wehrli FW. Trabecular bone volume fraction mapping by low-resolution MRI. Magn Reson Med 2001; 46:103–113.

[7] Ford JC, Wehrli FW. In vivo Quantitative characterization of trabecular bone by NMR interferometry and localized proton spectroscopy. Magn Reson Med 1991; 17:543–551.

[8] Ford JC, Wehrli FW, Hsiao-Wen Chung. Magnetic field distribution in models of trabecular bone. Magn Reson Med 1993; 30:373–379.

[9] Chung H, Wehrli FW, Williams JL, Kugelmass SD. Relationship between NMR transverse relaxation, trabecular bone architecture, and strength. Proc Natl Acad Sci USA 1993; 90:10250–10254.

[10] Wehrli FW, Ford JC, Haddad JG. Osteoporosis:clinical assessment with quantitative MR imaging in diagnosis. Radiology 1995; 196:631–

641.

[11] Grampp S, Majumdar S, Jergas M, Newitt D, Lang P, Genant HK. Distal radius:in vivo assessment with quantitative MR imaging, peripheral quantitative CT, and dual X-ray absorptiometry. Radiology 1996; 198:213–218.

[12] Yablonskiy DA, Reinus WR, Stark H, Haacke EM. Quantitation of T_2/anisotropic effects on magnetic resonance bone mineral density measurement. Magn Reson Med 1996; 36:214–221.

[13] Hilaire L, Wehrli FW, Song HK. High-speed spectroscopic imaging for cancellous bone marrow R_2^* mapping and lipid quantification. Magn Reson Imaging 2000; 18:777–786.

[14] Wehrli FW, Hopkins JA, Hwang SN, Song HK, Snyder PJ, Haddad JG. Cross-sectional study of osteopenia with quantitative MR imaging and bone densitometry. Radiology 2000; 217:527–538.

[15] 巨瀬勝美. コンパクト MRI. 骨粗鬆症学（日本臨床増刊号 62 巻）2004; 2:316–321.

[16] Kose K, Matsuda Y, Kurimoto T, Hashimoto S, Yamazaki Y, Haishi T, Utsuzawa S, Yoshioka H, Okada S, Aoki M, Tsuzaki T. Development of a compact MRI system for trabecular bone volume fraction measurements. Magn Reson Med 2004; 52: 440–444.

[17] Wehrli FW, Hilaire L, Fernandez-Seara M, Gomberg BR, Song HK, Zemel B, Loh L, Snyder PJ. Quantitative magnetic resonance imaging in the calcaneus and femur of woman with varying degrees of osteopenia and vertebral deformity status. J Bone Miner Res 2002; 17:2265–2273.

[18] 折茂肇他. 原発性骨粗鬆症の診断基準（2000 年度改訂版）. 日骨代謝誌 2001; 18:76–82.

[19] WHO study group. Assessment of fracture risk and its application to screening for postmenopausal osteoporosis. WHO Technical Report Series 1994; WHO, Geneva, p.843.

第7章　植物用MRI

7.1　はじめに

7.1.1　植物の構成と従来の計測法

　植物の体を構成する基本単位は，さまざまな形状，寸法をもつ細胞である．細胞が集まって木部，師部などの組織を作り，いくつかの組織が集まって組織系を，さらに組織系が集まって根，茎，葉などの器官を構成している（表7.1）．個々の細胞は，核や液胞などで満たされ，原形質膜と細胞壁によって隣接する細胞から区分されている．

　植物の生理機構を理解するためには，組織，もしくは器官ごとに，代謝に関わる情報が必要となる．注目する現象によって，水ポテンシャルや温度といった物理量，代謝反応による生成物，また組織観察に基づく構造情報などが利用され，測定法も多岐にわたる．

　このうち，いくつかの手法については侵襲性であったり試料の損傷を伴ったりするため，計測それ自体が植物に及ぼす影響に十分注意しなければならない．また，特に樹木においては，実験に適した大きさに成長するまで数年を要する場合もあり，使用できる個体数には制限がある．したがって，同一個体に関して継続した研究を可能とする，非破壊的な計測手法が望まれている．

第 7 章 植物用 MRI

表 7.1 植物組織の構成例（葉）

組織	組織系	器官
海綿状組織	基本組織系	葉
さく状組織		
師部	維管束系	
木部		
表皮	表皮系	
気孔		

植物は微細な組織の集合からなる複雑かつ不均質な系である．

7.1.2　MRI による植物の計測 [1-3]

　一方，MRI を用いた計測には，次のような特徴がある．

　第一に，印加エネルギーの反射や減衰をとらえるのではなく，試料に含まれる核スピンの出す信号が計測対象となる．したがって，植物内における代謝物の分布や集積度合いを本質的に計測可能である．

　第二に，不透明な試料内部の情報を三次元的に取得することができる．これにより，道管内の水の流れや，細胞間における分子拡散の過程も可視化される．

　第三に，原則として非破壊，非侵襲的である．したがって，植物の生命活動を維持したまま計測を繰り返すことができ，対象とする現象の経時変化をとらえられる．

　なお，磁場中における植物の挙動については不明な点も多いが，6 週齢のトウモロコシを 0.5T の MRI システムを用いて測定した研究では，試料を装置内に設置後〜24 時間は給水量と成長率の変動が見られたが，その後は移動前の状態を回復したと報告している [4]．また，3 年生のアカマツ苗を 1.0T の磁場中に置いて観察を続けたが，4 週間を経た後でも，MRI 画像，外見ともに変化は認められなかった．この問題については更なる検討が必要とされるが，MRI 装置内への設置に伴うストレスは，少なくとも低磁場装置においては短期間で生命活動に支障をきたすほどには大きくないと考えられる．

　MRI がもつこのような特長を活かして行われた，植物に関する多種多様な研究について，以下にまとめる．また，[1-3] には石田らのレビューをあげた．こ

れらの優れたレビューには，植物科学における MR マイクロスコピーの応用事例が豊富な画像データとともに詳細に述べられているので，興味をもたれた読者は参照されたい．また，このレビューにあげられていない一部の論文については，本文中で参考文献としてあげた．

(a) 構造

次項以降で述べるように，MRI における信号強度は，測定核種の密度と緩和時間に依存する．適切な撮像パラメタの選択によって，この差が画像コントラストとして描出され，髄，柔組織，維管束，有毛細胞などを識別できる [1,3,5]．ただし，空気で満たされた管の周囲は，磁化率の差により静磁場の均一性が損なわれ，画像中では実際より大きく描出される [3] など，MRI に特有の偽像については注意する必要がある．

また，MRI における空間分解能は，分子の自己拡散と静磁場の不均一性による信号減衰により制限され，すべての植物種について細胞レベルの解像度を得ることは困難である．しかしながら，細胞の直径が 30〜100 ミクロン程度と大きく，かつこれらの細胞が軸方向に円柱状に並んでいる維管束などの組織については，細胞パターンを画像化し，組織構造に関する詳細な情報を得ることも可能である [1,3]．

(b) 代謝物分布

磁場均一度の高い磁石を用いれば，ショ糖やアミノ酸，脂質 [6]，炭水化物 [7] など，水分子以外の代謝物に含まれるプロトンの空間分布もとらえられる．化学シフトを伴う各代謝物の共鳴線は，植物においては横磁化の急速な減衰により線幅が広くなりがちであるが，二次元 NMR 実験によって得られる交差ピークを用いることで識別が容易になる．このピーク強度の空間的な変化が，代謝物の空間分布を表す [1]．

なお，この種の実験によって得られる空間分解能は，各代謝物の横緩和時間と集積度に依存する．また，他の実験と同様に，検出感度は時間分解能ならびに空間分解能とのトレードオフとなる．

(c) 緩和過程

核磁化の減衰には細胞内外の多くの要因が作用しており，減衰過程を解析することによって，核磁化を取り巻く環境についての情報が得られる．

第7章 植物用 MRI

　7.1.1 節で述べたとおり，植物はさまざまな組織からなる不均質な系であり，それぞれの組織の性質に従って，核磁化が異なる時定数で減衰する．適当な撮像パラメタを用いることで，各組織間の減衰過程の差が描出されるが，このようにして得られた画像コントラストを理解するために，植物組織における緩和機構を記述するモデルがいくつか提案されている [8,9]．

　例えば，緩和時間は，常磁性分子の存在や，自由水と束縛水の割合などに依存する．また，液胞膜や原形質膜の膜透過率も，緩和時間と関連づけられている [10]．さらに，ガドリニウムやジスプロシウムのような造影剤は細胞膜を透過しないため，細胞膜の内外における水の識別を可能とする [11]．これらの水の交換過程や割合の変化を計測できることも，MRIの興味深い一面である．

　また，植物の組織間には気体で満たされた空隙が存在し，局所的な磁場勾配を発生して静磁場の均一性を損なうために，横磁化の急速な減衰をもたらす．この磁化率の差による MRI 信号の減衰を観察することにより，植物組織の性質について付加的な情報を引き出す試みもなされている [12-14]．

(d)　分子移動

　MRI の利用において特に注目されるのは，拡散，もしくは流れによって生じる分子の移動を計測する技術である．核磁化の励起と信号受信の間に1組のパルス勾配磁場を印加することにより，分子の動きが位相と振幅の変化としてエンコードされる．これを解析することにより，分子拡散係数や流速の空間分布が得られる．

　師部と木部での水の流れは，植物の体内における物質移動を解明する上で非常に重要であるにもかかわらず，位置情報を伴う計測を行うことが容易ではなかった．MRI による流れの計測は，空間分解能を備えつつ，これを非侵襲的に可視化することができるので，植物への応用において大いに注目されている [15-17]．現在では，高速イメージング法の導入によって信号収集に要する時間が短くなり，流速の変化を数分でとらえることができる [18,19]．これは，日射量や飽差（ある温度下における飽和蒸気圧と実際の蒸気圧との差），土壌の水ポテンシャルといった環境の変化に対する植物の水分生理学的反応を調べる際に，非常に有用である．

　また，この種の実験を応用することにより，各細胞の形状や寸法を計測する

ことも可能である．細胞膜は高い透水性をもつが，水分子がこれを透過するには，同程度の距離を自由拡散する場合と比べて非常に長い時間を要する．したがって，分子の自由拡散運動がこの障壁により制限される様子を，実験によってとらえることができる [19-21]．

(e) 経時変化

(a)～(d) で述べた事項は，植物の成長や病気の進展に伴って変化するが，MRI では外見から判断されるよりも早く変化をとらえられる．最近のアプリケーションとしては，果物や球根，根の成長 [22,23]，保存期間中の変遷 [24,25]，乾燥状態からの回復と水の吸収過程 [26,27]，低温環境の影響 [28,29] を扱った例がある．また，樹木病害の診断にも応用されており [30,31]，7.3 節でその一例を紹介する．

(f) 将来性

医療分野における主要な研究の方向性は，MRI で検出可能な特定の反応特性を備えた造影剤の開発にあり，組織内の局所的な pH 値を反映する pH 敏感造影剤なども提案されている [32]．これと似た技術が，植物生理学における NMR マイクロスコピーにおいても考えられる．

また，安定同位体 ^{13}C を用いれば，植物内の糖類に関する検出感度を引き上げられる [3]．これにより，蛍光標識法を適用できない不透明な植物組織においても，分子レベルの画像化が可能になるものと予想される．

7.2 植物用 MRI の構成

7.2.1 システム構成

植物用 MRI も，基本構成はすでに第 2 章で述べた通りである．これまでに使用されたシステムは大きく 3 つに分類され，それぞれ次のような特徴をもつ．

超伝導磁石を用いた研究用 MRI[33,34] は，高い磁場強度と均一度，安定性を備え，植物の研究においても多くの使用例がある．しかしながら，密閉型の構造により，撮像可能な試料の寸法は制限される．また，試料中に脂質や気泡が多く含まれる場合は，化学シフトや磁化率の差による偽像が顕著になる．

一方，電磁石や永久磁石を用いた研究用 MRI[35,36] は，0.5～1T の低磁場領

域において使用される．磁気回路の開放性が高く実験系を構築しやすいほか，費用や設置面積も低く抑えられるため，植物用計測装置としての導入障壁は比較的小さい．また，化学シフトや磁化率の差による偽像が少ないという利点もある．高磁場装置と比較するとSNRは劣るが，これは検出感度の高いソレノイドコイルの使用により，ある程度は回復できる．また，永久磁石の場合には温度変化による磁場安定性が問題となるため，1回の撮像が長時間に及ぶ場合にはNMRロックが必須である．

さらに，数は多くないが，臨床用MRIを用いた研究例 [20,37] も報告されている．臨床機にもさまざまな型があるが，一般に広い撮像領域を有し，大型のサンプルにも対応可能である．しかし，空間分解能が〜数百 μm に制限されるため，対象によっては十分な情報が得られない．

7.2.2 要求される性能

植物試料の状態，計測目的ならびに対象とする組織や現象によって，システムに要求される性能も異なる．いずれの場合も，植物生理学者が占有して使うためには，導入，維持に要する費用や設置面積なども重要な要素となる．

(a) excised

生体から採取した枝や切片 [6,11,12,19,20,23,30,31,37]，葉 [28,29] などが対象で，種子や球根 [7,21,24]，果実 [5,8,12-14,22,25] もこの範疇に入る．使用する装置に合わせて試料を選択，加工することが可能であり，既存の高磁場MRIシステムを用いて多くの研究がなされている．

(b) in vivo

根，茎，葉などの器官を備えたまま，鉢植えや培養容器中で生育し，活発な生命活動を行う試料を対象とする [10,16-18,26,27,33,34,36]．装置に対する要求が多く，特に広いサンプル空間が必要となる木本植物（樹木）に関する研究例は少ない．

このようなシステムに関わる要件としては，第一に，設置時や測定中に試料に加わる物理的ストレスが，低く抑えられていることが重要である．磁気回路は，試料の出し入れがしやすいように広い開口部をもつとともに，枝や根など横に広がりをもつ部位を収める空間を備えなければならない．また，検出部を

試料に最適化するためには，高周波コイルを開閉型，もしくは観察部位に直接巻く形 [36] とすることが望ましい．なお，試料形状は必ずしも理想的ではないため，検出部内において位置や方向を再現性良く決定するための機構が備わっていれば，設置時ならびにデータ解析時の労力が大幅に軽減される．

第二の要件として，実験内容に応じて，照度，温度，湿度などの環境要因を制御できることが求められる．このため，照明と空調装置を備えたグロースチャンバーなども使用される [34,36]．

第三に，長期にわたる計測において，安定して装置を使用できることが条件となる．また，経時変化を追う場合には，1回の計測が十分に短い時間で済むように撮像シーケンスを調整しなければならない [38]．

さらに，従来用いられている他の計測手法を併用できれば，より多面的な情報が得られる．ただし，静磁場の均一度を乱したり，互いにノイズ源となったりする場合もあるので，使用にあたっては十分な検討が必要である．

(c) in situ

この区分では，温室や屋外にある試料が対象となる [35,39]．上で述べた in vivo システムの場合に加えて，以下のような設計が求められる．

システムは可搬性を備えるとともに，設置場所の物理的，電気的安定性を考慮したものでなければならない．また，試料を動かせない場合も多いため，検出部への導入，位置決めを容易にする機構が必要となる．耐天候性や維持管理に要する労力も重要な検討項目となろう．

その他，長期にわたる自動モニタリングシステムや，遠隔地からの制御，データ回収方法が備わっていればさらに実用的である．

7.3 樹木の病害診断への応用事例

7.3.1 樹木の病害

樹木が寄生者や環境要因に反応して，形態や生理機能に異常をきたすことを病気と呼び，気象要因による被害（傷害）とは区別される [40]．

病原に反応して樹体に現れる変化，すなわち病徴 (symptom) は，細胞や組織の壊死，あるいは肥大や増生などが基本的なものである [41]．これらは，病

原体による栄養の摂取だけではなく，病原体が生産する毒素，ホルモンなどの化学物質や，それらに対する反応として樹木側が作る防御物質などの影響も含めた，宿主－病原間の総合的な相互作用の結果としてもたらされる．したがって，樹木が病気に罹病するかどうかを含めた病徴の進展程度は，病原－宿主樹木－環境条件の三者の相互作用によって決まる．

ここでは，日本最大の樹木病害であるマツ材線虫病を例にとり，低磁場のコンパクトMRIを用いた樹木観察の実際について説明する．

7.3.2　マツ材線虫病

マツ枯れ，すなわちマツ材線虫病は，マツノザイセンチュウ（*Bursaphelenchus xyplophilus*）という線虫の一種によって引き起こされる．懸命な防除努力にもかかわらず，北海道と青森県を除く我が国全域のアカマツ，クロマツ，リュウキュウマツの森林に大きな被害を与え続けており，被害量は平成13年度で約91万m^3（胸高直径30cm，樹高20mの立木換算で約152万本に相当）にも達する [42]．

線虫は，マツノマダラカミキリ（*Monochamus alternatus*）によって健全木へと運ばれ，皮層および木部の樹脂道を通って全身に拡散する [43]．病徴の前期においては，線虫による木部柔細胞の摂食などの刺激により，木部の一部で水分通導を行う仮道管に空隙が形成されるキャビテーション（cavitation）が生じる．その後，水ストレスが閾値を超えると病徴が急速に進展し，線虫の増殖，形成層の破壊，水分通導の完全な停止が生じて，マツは萎凋枯死する [43]．感受性マツと強病原性のマツノザイセンチュウを組み合わせた場合の病徴進展は非常に早く，接種試験においては接種後数週間で枯死に至ることもある．

これまでに，材線虫病に関しては膨大な研究が行われてきており，病徴進展に関わる変化についても多数の報告がある [43]．しかし，生理的変化については個々の現象の記述にとどまっており，さまざまな変化が相互に影響を及ぼし合いながら枯死に至るメカニズムについてはいまだ研究途上である．特に，木部の水分通導阻害（エンボリズム）の観察には木部切断面の作成を伴うため，同一個体における水分通導阻害の拡大過程を連続的にとらえることができず，前期から進展期へと至る過程については不明な点が多い．また，マツの種ある

7.3 樹木の病害診断への応用事例

いは家系による抵抗性の変異も大きく，多数の試料を用いた接種試験においては，個体差による病徴進展速度の差が研究の障害となることもある．

そこで，マツ材線虫病における水分通導阻害の拡大過程を明らかにするため，マツ苗を長期にわたり高空間分解能で撮像可能なコンパクト MRI を構築した．

7.3.3 要求される性能

マツ苗の茎の横断面の構造と MRI 画像の対応を図 7.1 に示す．

実験で使用したクロマツでは，直径 20〜60μm，平均長さ 3.5mm[44] の仮道管が水分通導を担う．よって，MRI 撮像を行う場合には，これと同程度の画素サイズが望ましい．

また，研究対象となる 3 年生程度のマツ苗においては，病徴の発現からわずか数日で枯死に至ることもあり，1 回の撮像は短時間で終了する必要がある．

木部の水分通導域は T_1，T_2 とも短いので，T_1 強調撮像シーケンスにより，SNR の高い画像を短時間で得ることができる．

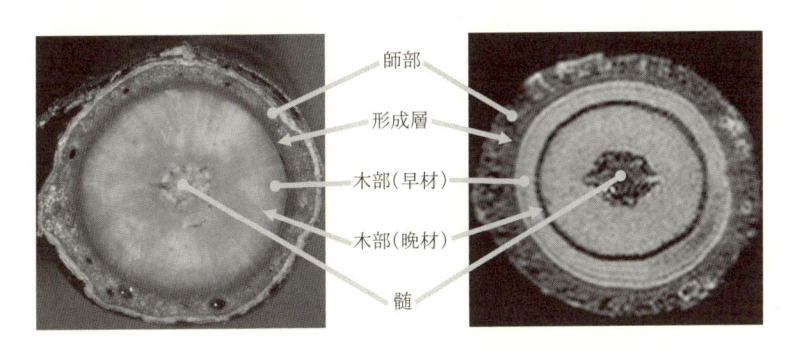

図 7.1 マツ苗の茎の横断面の構造（左）と MRI 画像の対応
TR = 500ms，TE = 10ms，75μm × 150μm × 150μm．形成層は高信号に，木部のうち早材は比較的高信号に，晩材は低信号に，師部と髄は比較的低信号に描出される．これは，各組織の細胞の密度，および含水率の高低とよく対応している．

161

第 7 章　植物用 MRI

7.3.4　実験方法
(a)　マツ苗

MRI 撮像には，東京大学演習林田無試験地の苗畑において育成された 3 年生クロマツ苗 2 本を供した．直径 17cm の鉢に移植し，磁気回路内に設置して 1 週間ほど馴化した後，当年生主軸の頂端部にマツノザイセンチュウ（S-10 系列）1 万頭を接種した（図 7.2）．

図 7.2　MRI 撮像に供した 3 年生クロマツ苗
矢印部は，上から，(1) マツノザイセンチュウ接種部，(2) 高周波コイル取付部，(3)AE センサ取り付け部である．

(b)　MR マイクロスコープと AE センサ

システムの基本構成は，第 1 章で紹介した 1.0T のコンパクト MRI システム [45] と同様であり，設置面積は約 $2m^2$ である．マグネットは 4 本柱型の永久磁石磁気回路を静磁場方向が横向きとなるように置いたもので，3 方向に開口をもつため，試料へのアクセスは良好である（図 7.3）．また，撮像領域は地上から約 55cm に位置し，その上下，左右に広い空間を有する．よって，直径 17cm の鉢に入ったマツ苗を枝葉の付いたまま設置して，地際 15cm の高さまで撮像可能である．

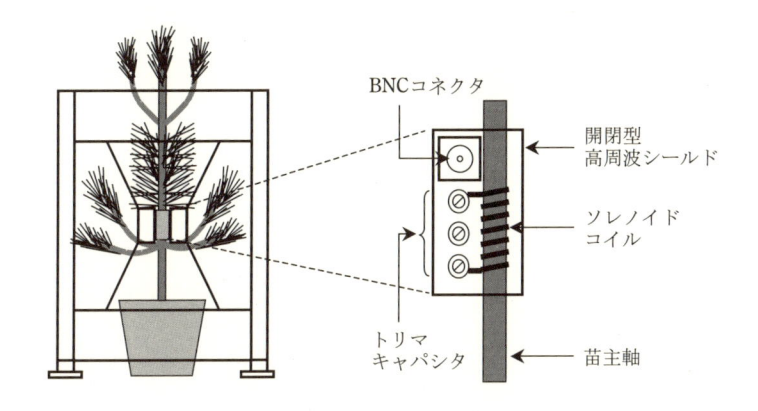

7.3 樹木の病害診断への応用事例

図7.3 磁気回路内に設置したマツ苗（左）と検出部詳細
撮像領域の上下左右に広い空間を有するため，枝の付いた鉢植えのまま撮像できる．

勾配磁場コイルは，1組の平板状コイルを磁極に固定し，長い樹木試料を横方向から挿入できるようにした．また，検出部として苗主軸上にソレノイドコイルを巻き，これを開閉型の高周波シールドで覆って用いた（図7.3）．

さらに，キャビテーション発生時に観測されるAE（acoustic emission：物体が変形または破壊するとき，それまで蓄えられていたエネルギーが解放されて放出される弾性波）を検出するために，地際部に超音波センサを取り付け，これをAEテスタ（エヌエフ回路設計ブロック，東京）で増幅してAE発生頻度を記録した．

(c) MRI撮像シーケンス

木部の水分通道域を明瞭に描出するため，TR = 500ms，TE = 10〜22msのスピンエコーシーケンスを用いた．クロマツ苗1については水分通導阻害部の三次元構造を，クロマツ苗2については経時変化を把握することを目的とした．観察部位の水分通導がほぼ完全に停止するまで，適宜灌水を行いながら，1本目については21日間，2本目については16日間にわたって撮像を行った．

7.3.5 結果

クロマツ苗1に関する撮像結果を図7.4に，クロマツ苗2に関する撮像結果

第 7 章 植物用 MRI

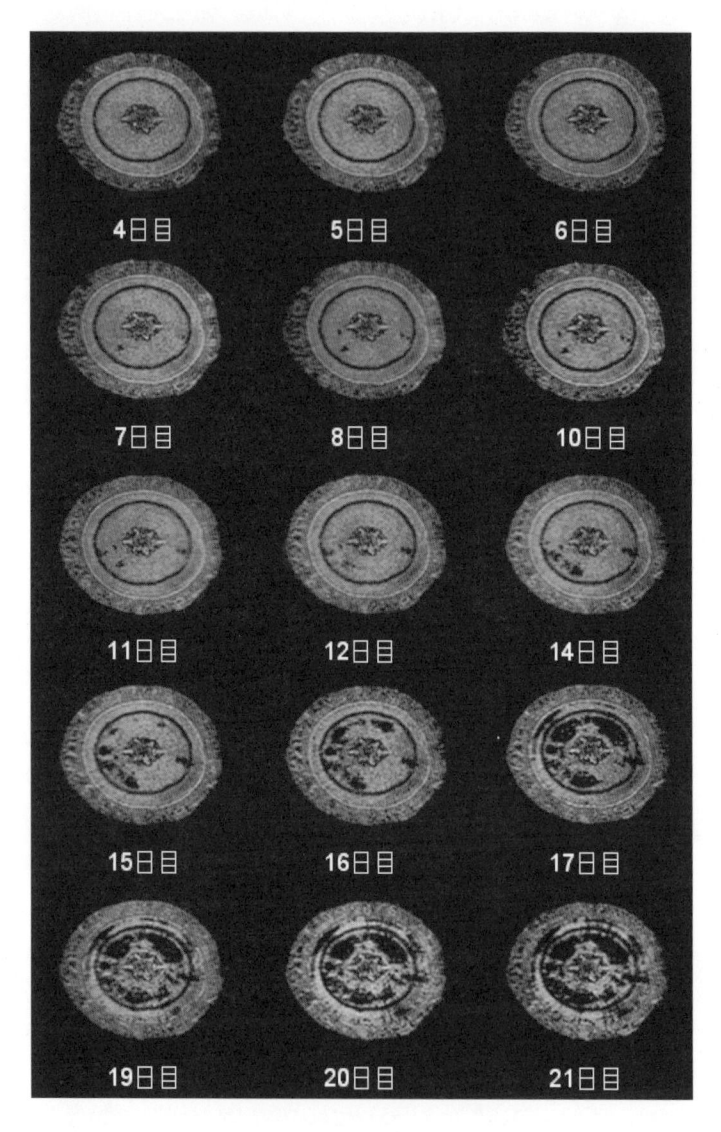

図 7.4 クロマツ苗 1 の二次元断層像（三次元データより抽出）
3DSE-T_1W, TR = 500ms, TE = 10ms, NEX = 4, $150\mu m \times 150\mu m \times 75\mu m$.

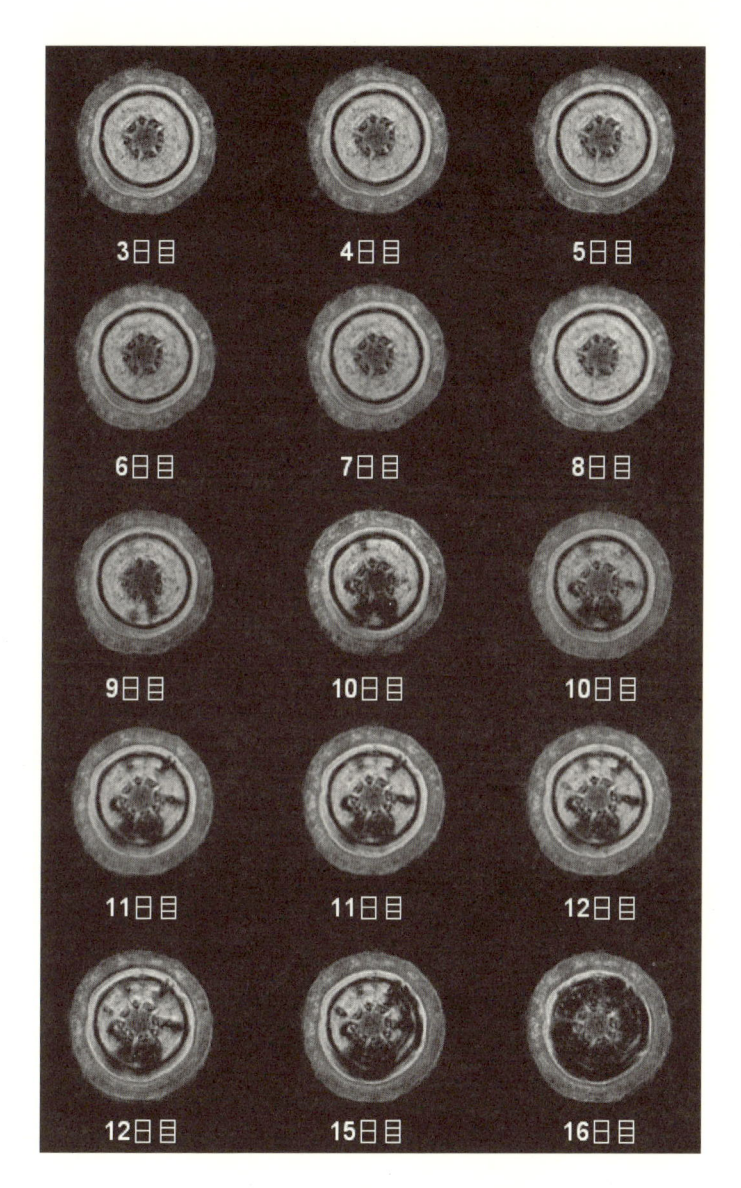

7.3 樹木の病害診断への応用事例

図 7.5 クロマツ苗 2 の二次元断層像
2DSE-T_1W, TR $= 500$ms, TE $= 22$ms, NEX $= 1$, 75μm $\times 75\mu$m $\times 4$mm.

第 7 章　植物用 MRI

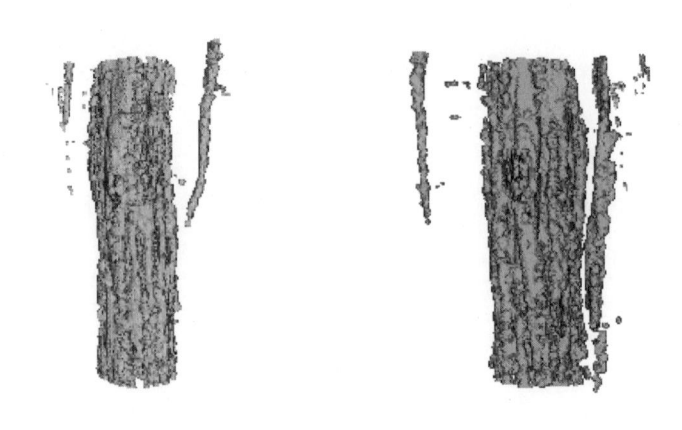

(1) 接種後 10 日目

(2) 接種後 15 日目

図 7.6　クロマツ苗 1 における水分通導阻害部の三次元構造

を図 7.5 に示す．水分通導阻害部は，プロトン密度の減少により，低信号域として描出された．また，クロマツ苗 1 に関して得られたデータから，水分通導阻害部を抽出して三次元構築した画像を図 7.6 に示す．

7.3.6　考察

苗 1 の水分通導阻害部の形状は鉛直（軸）方向に長い紡錘形をしており（図

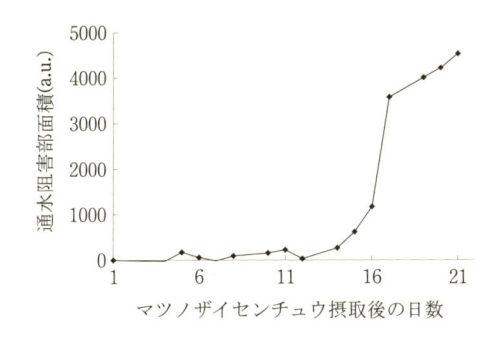

7.3 樹木の病害診断への応用事例

図 7.7　クロマツ苗 1 の水分通導阻害部の横断面積の経時変化

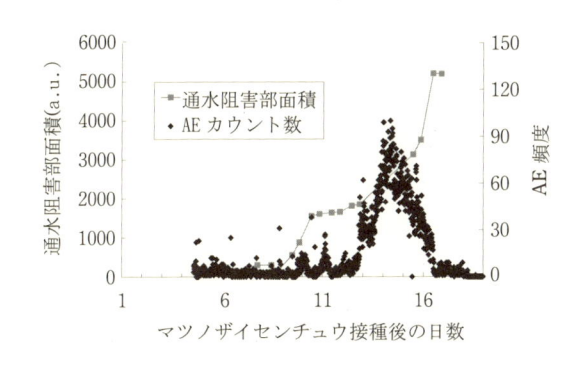

図 7.8　クロマツ苗 2 の水分通導阻害部の横断面積の経時変化と AE の発生頻度

7.6)，数本の仮道管の束が縦方向に連なったものが空洞化したと推定される．15 日目には，いくつかの水分通導阻害部が互いに癒合，拡大している様子が初めてとらえられた．

また，苗 1 における水分通導阻害部の横断面積の経時変化を図 7.7 に，苗 2 における水分通導阻害部の横断面積の経時変化と AE カウント数の推移を図 7.8 に示す．いずれの苗においても，水分通導阻害部は病徴初期に部分的に発生し，接種後 2 週目に入ると増加傾向に転じた．その後，爆発的に拡大して形成層に至った後，緩やかに増加した．また，AE の発生頻度も，MRI 画像により観測された水分通導阻害の拡大率とほぼ同様の傾向を示した．このことから，マツ材線虫病における水分通導阻害は，ある時点を境に病徴前期から進展

期へと急激に変化すること，およびAEの発生は仮道管中のキャビテーションと対応した現象であることが確認された．

このような樹木病害における内部病徴のMRIによる継続的な観察によって，顕微鏡観察などの破壊的な手法では不可能であった急激な病徴進展過程を可視化することができる．

引用文献

[1] Ishida N, Koizumi M, Kano H. The NMR microscope:a unique and promising tool for plant science. Ann Bot 2000; 86:259–278.

[2] Koeckenberger W. Functional imaging of plants by magnetic resonance experiments. Trends Plant Sci 2001; 6:286–292.

[3] Koeckenberger W, de Panfilis C, Santoro D, Dahiya P, Rawsthorne S. High resolution NMR microscopy of plants and fungi. J Microscop 2004; 214:182 -189.

[4] van der Weerd L, Claessens MMAE, Ruttink T, Vergeldt FJ, Schaafsma TJ, van As H. Quantitative NMR microscopy of osmotic stress responses in maize and pearl millet. J Exp Bot 2001; 52:2333–2343.

[5] Glidewell SM, Moller M, Duncan G, Mill RR, Masson D Williamson B. NMR imaging as a tool for noninvasive taxonomy:comparison of female cones of two Podocarpaceae. N Phytol 2002; 154:197–207.

[6] Schneider H, Manz B, Westhoff M, Mimietz S, Szimtenings M, Neuberger T, Faber C, Krohne G, Haase A, Volke F, Zimmermann U. The impact of lipid distribution, composition and mobility on xylem water refilling of the resurrection plant. N Phytol 2003; 159:487–505.

[7] Kamenetsky R, Zemah H, Ranwala AP, Vergeldt F, Ranwala NK, Miller WB, va As H, Bendel P. Water status and carbohydrate pools in tulip bulbs during dormancy release. N Phytol 2003; 158:109–118.

[8] Hills B, Remigereau B. NMR studies of changes in subcellular water compartmentation in parenchyma apple tissue during drying and freezing. Intl J Food Sci Tech 1997; 32:51–61.

[9] van der Weerd L, Melinkov SM, Vergeldt FJ, Novikov EG, van As H. Modeling of self-diffsusion and relaxation time NMR in multicompartment systems with cylindrical geometry. J Magn Reson 2002; 156:213–221.

[10] van der Weerd L, Classens MMAE, efde C, van As H. Nuvlear magnetic resonance imaging of membrane permeability changes in plants during osmotic stress. Plant Cell Envirion 2002; 25:1539–1549.

[11] Zhong K, Li X, Shachar-Hill Y, Picart F, Wishnia A, Springer CS. Magnetic susceptibility shift selected imaging (MESSI) and localized ^1H_2O spectroscopy in living plant tissues. NMR Biomed 2000; 13:392–397.

[12] Shachar-Hill Y, Befroy DE, Pfeåer PE, Ratcliåe RG. Using bulk magnetic susceptibility to resolve internal and external signals in the NMR spectra of plant tissues. J Magn Reson 1997; 127:17–25.

[13] McCarthy MJ, Zion B. Chen P, Ablett S, Darke AH, Lillford PJ. Diamagnetic susceptibility changes in apple tissue after bruising. J Sci Food Agric 1995; 67:13–20.

[14] Clark CJ, Hockings PD, Joyce DC, Mazucco RA, Application of magnetic resonance imaging to pre-and post-harvest studies of fruits and vegetables. Postharvest Biology and Technology 1997; 11:1–21.

[15] Xia Y, Sarafis V, Campbell EO, Callaghan PT. Non invasive imaging of water flow in plants by NMR microscopy. Protoplasma 1993; 173:170–176.

[16] Kuchenbrod E, Kahler E, Thurmer E, Deichmann R, Zimmermann U, Haase A. Functional magnetic resonance imaging in intact plants - quantitative observation of flow in plant vessels. Magn Reson Imag 1998; 16:331–338.

[17] Gussoni M, Greco F, Vezzoli A, Osuga T, Zetta L. Magnetic resonance imaging of molecular transport in living morning glory stems. Magn Reson Imag 2001; 19:1311–1322.

[18] Peuke AD, Rokitta M, Zimmermann U, Schreiber L, Haase A. Simultaneous measurement of water flow velocity and solute transport in xylem and phloem of adult plants of Ricinus communis over a daily time course by nuclear magnetic resonance spectroscopy. Plant Cell Environ 2001; 24:491–503.

[19] Scheenen TWJ, Vergeldt FJ, Windt CW, de Jager PA, van As H. Microscopic imaging of slow flow and diffusion:a pulsed field gradient stimulated echo sequence combined with turbo spin echo imaging. J Magn Reson 2001; 151:94–100.

[20] Boujraf S, Luypaert R, Eisendrath H, Osteaux M. Echo planar magnetic resonance imaging of anisotoropic diffusion in asparagus stems. MAGMA 2001; 13:82–90.

[21] van der Toorn A, Zemah H, van As H, Bendel P, Kamenetsky R. Developmental changes and water status in tulip bulbs during storage:visualization by NMR imaging. J Exp Bot 2000; 51:1277–1287.

[22] Glidewell SM, Williamson B, Duncan GH, Chudek JA, Hunter G. The development of blackcurrant fruit from flower to maturity:a comparative study by 3D nuclear magnetic resonance (NMR) microimaging and conventional histology. New Phytol 1999; 141:85–98.

[23] Robinson A, Clark CJ, Clemens J. Using ^{1}H magnetic resonance imaging and complementary analytical techniques to characterize developmental changes in the Zantedeschia Spreng. Tuber. J Exp Bot 2000; 51:2009–2020.

[24] Zemah H, Bendel P, Rabinowitch HD, Kamenetsky R. Visualization of morphological structure and water status during storage of Allium aflatunense bulbs by NMR imaging. Plant Sci 1999; 147:65–73.

[25] Clark CJ, MacFall JS. Magnetic resonance imaging of persimmon fruit (Diospyros kaki) during storage at low temperature and under modified atmosphere. Postharvest Biology and Technology 1996; 9:97–108.

[26] Holbrook NM, Ahrens ET, Burns MJ, Zwieniecki MA. In vivo observation of cavitation and embolism repair using magnetic resonance imaging. Plant Physiol 2001; 126:27–31.

[27] Clearwater MJ, Clark CJ. In vivo magnetic resonance imaging of xylem vessel contents in woody lianas. Plant Cell Environ 2003; 26:1205–1214.

[28] Ishikawa M, Price WS, Ide H, Arata Y. Visualization of freezing behaviors in leaf and flower buds of full-moon maple by nuclear magnetic resonance microscopy. Plant Physiol 1997; 115:1515–1524.

[29] Ide H, Price WS, Arata Y, Ishikawa M. Freezing behaviors in leaf buds of cold-hardy conifers visualized by NMR microscopy. Tree Physiol 1998; 18:451–458.

[30] Macfall JS, Spaine P, Doudrick R, Johnson GA. Alternations in growth and water- transport processes in fusiform rust galls of pine, determined by magnetic resonance microscopy. Phytopathol 1994; 84:288–294.

[31] Pearce RB, Sumer S, Doran SJ, Carpenter TA, Hall LD. Non-invasive imaging of fungal colonization and host response in the living sapwood of sycamore (Acer pseudoplatanus L.) using nuclear magnetic resonance. Physiol Molecul Plant Pathol 1994; 45:359–384.

[32] Raghunand N, Howison C, Sherry AD, Zhang SR, Gillies RJ. Renal and systemic pH imaging by contrast-enhanced MRI. Magn Reson Med 2003; 49:249–257.

[33] Kuchenbrod E, Landeck M, Thurmer F, Haase A, Zimmermann U. Measurement of water flow in the xylem vessels of intact maize plants using flow-sensitive NMR imaging. Bot Acta 1996; 109:184–186.

[34] Rokkita M, Peuke AD, Zimmermann U, Haase A. Dynamic studies of phloem and xylem flow in fully differentiated plants by fast nuclear-magnetic- resonance microimaging. Protoplasma 1999; 209:126–131.

[35] Rokitta M, Rommel E, Zimmermann U, Haase A. Portable nuclear

magnetic resonance imaging system. Rev Sci Instrum 2000; 71:4257–4262.

[36] Scheenen T, Heemskerk A, de Jager A, Vergeldt F, van As H. Functional imaging of plants:a nuclear magnetic resonance study of a cucumber plant. Biophys J 2002; 82:481–492.

[37] Iivonen K, Palva L, Peramaki M, Joensuu R, Sepponen R. MRI-based D_2O/H_2O-contrast method to study water flow and distribution in heterogeneous systems:demonstration in wood xylem. J Magn Reson 2001; 149:36–44.

[38] Scheenen TWJ, van Dusschoten D, de Jager PA, van As H. Microscopic displacement imaging with pulsed field gradient turbo spin-echo NMR. J Magn Reson 2000; 142:207–215.

[39] van As H, Reinders JEA, de Jager PA, van de Sanden PACM, Schaafsma TJ. In situ plant water balance studies using a portable NMR spectrometer. J Exp Bot 1994; 45:61–67.

[40] 金子繁．樹木医学（鈴木和夫編）1999; 朝倉書店, p.180.

[41] 金子繁．樹木医学（鈴木和夫編）1999; 朝倉書店, p.183.

[42] http://www.rinya.maff.go.jp

[43] Fukuda K. Physiological process of the symptom development and resistance mechanism in pine wilt disease. J For Res 1997; 2:171–181.

[44] 古野毅, 澤辺攻編．木材科学講座 2 組織と材質 1994; 海青社, p.111.

[45] Haishi T, Uematsu T, Matsuda Y, Kose K. Development of a 1.0 T MR microscope using a Nd-Fe-B permanent magnet. Magn Reson Imag 2001; 19:875–880.

第8章　食品用NMR/MRI

8.1　はじめに

　高磁場の超伝導NMR/MRIを利用して食品を計測した歴史は非常に古く，局所的傷害，腐敗および劣化の検出が可能であることから高い有用性が確認されてきた[1]．しかし，高分解能NMRから派生したNMR/MRI装置（図8.1）は，大型・高価であり低温寒剤等の維持管理も大変なことから，その利用は幅広い食品開発研究者の要望に応えにくいレベルに止まっている．また，普及台数が国内で約5000台の臨床用MRIは，人体の撮像を目的に運用されており，食品研究への研究に用いることは事実上困難である．以上の現状より，食品用NMR/MRIの完成から全数検査を前提とした現場での頻繁な利用までには，果てしない道のりがあるように見える．

　いっぽうで，本書がこれまでの各章で扱ってきたように，工業および電子工学技術の発達を受けてコンパクトなNMR/MRI分光計や小型永久磁石磁気回路の作製が可能となってきている．よって，扱いが容易な食品用コンパクトNMR/MRIの研究開発，そしてこれらのシステムの基礎研究から現場での全数検査までへの実用化が強く期待されている．もしこれが実現すれば，近赤外分光法による果菜類の測定と品質評価の実用化などに続く，食品分野における計測装置のエポックとなる．本章で紹介する内容は，上記のような要望に応えるべく実施した研究成果の一部である[2]．

第 8 章　食品用 NMR/MRI

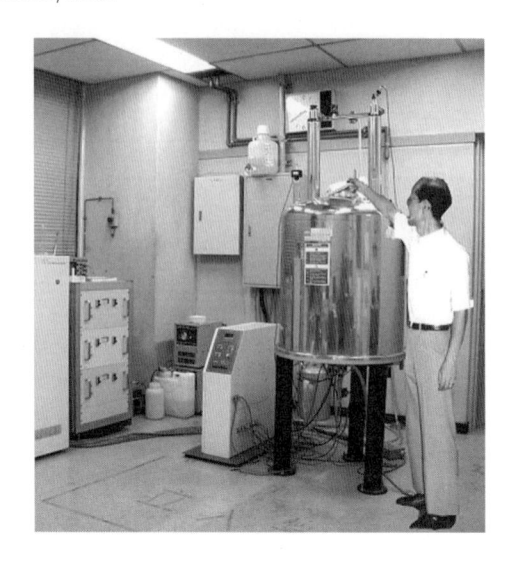

図 8.1　高精度 NMR/MRI スペクトロメータ
提供：石田信昭博士.

8.2　NMR/MRI による食品の観察

　食品研究においての NMR は，まずはその ^{1}H スペクトルを観察することから始められたようである．食品には ^{1}H を保有する水と油が多く含まれており，またその他の NMR 核種の NMR スペクトル理解は，可視光では得られないミクロな情報を提供してくれる．
　チョコレート・種子の水分・油分の計測のために，いくつかの会社で製作された卓上型の永久磁石型 NMR スペクトロメータが多くの食品会社や化粧品会社に多量に導入された時期がある．また，切除して光学的に観察しても得られない情報を取得できるという秀でた特徴により，高級な超伝導磁石型 NMR の導入まで漕ぎ着けて，現在運用を行っている研究室も少なくない．NMR 分光器は想像以上に国内に普及して食品分野の計測装置として定着しているようである．
　それでは MRI の場合はどうであろうか．MRI では，食品分野で興味がもたれている生物活性，化学物質，および形態を非破壊で画像化するということが

8.2 NMR/MRIによる食品の観察

可能である．「水や油を直接に見る」という意味では他の計測手法よりも格段に優れており期待が大きい．順を追って例を見てみよう．

8.2.1 これまでのMRI食品研究例

MRIを用いた有名な食品の研究例は，スイカの空洞検査[3]，茹麺の水分分布および経時変化[4]，てんぷら油分分布の貯蔵による変化，チョコレートおよびスナック菓子の水分・油分の交換過程，沖取りサケの雌雄判別[5]などがある．その他にも，高級石鹸の水分分布，食品の咀嚼過程における水分分布，機能性食品の動物実験，薬剤投与実験，バクテリアの増殖，冷凍による牛肉細胞の破壊，魚貝類の鮮度，異種食材の混合（チョコレート等），ゲルやエマルジョンの乳化安定性，サクランボのピット，りんごの褐変[6]・メロンの発酵・白桃の虫食い，クッキー・煎餅・落花生の水分油分分布などへの応用が検討されている．やはり上記は，形態，化学物質，ならびに生物活性を可視化していることに他ならないが，この3つに関して以下に注目例を述べる．

8.2.2 MRIによる食品の三次元計測：形態の可視化

図8.2は，MRIによって取得された3D画像（T_1強調）であり，左より，アスパラガス，パプリカ，プラム，アーモンドチョコレートである．上段は表面レンダリング，下段はその1枚の断層を表示したものである．空間分解能は静

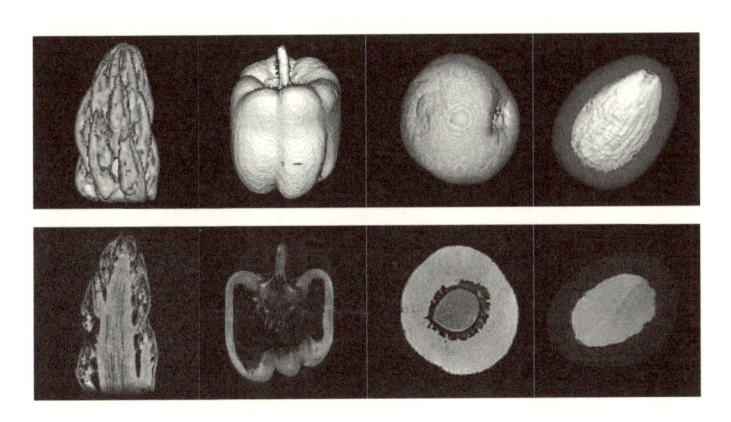

図8.2　身近な食品の3D-MR画像（上段）とそのT_1強調断層像（下段）

磁場強度，勾配磁場強度，サンプルの特性（プロトン密度，T_1，T_2，拡散）によって決まるが，大まかには $(0.1mm)^3$ から $(1mm)^3$ である．切断することができないサンプルの場合では，MRI による経時追跡は魅力的な能力である．

8.2.3 水油分含有量と MRI の装置選択

注意したいのは食品の水分および油分つまり ^1H 含量である．表 8.1 に代表的な食品群での含有量を示した．論点は，^1H 含有量に対する，プロトンイメージの作りやすさ，および明確な画像コントラストの得やすさと NMR/MRI の装置選択である．まず水油分含量が 35% 程度かそれ以上のもつサンプルは，高磁場 MRI（> 3T）では，比較的簡単にイメージができるがそれよりも少ない場合は SPI (single point imaging)[7] などを用いなければならない場合が多い．他方，低磁場 MRI（1T）を使って信号積算を行えば水油含有量が少なくとも簡単に画像を得ることができる場合がある．また，明確な画像コントラストの得やすさに関しては，NMR/MRI 装置の特徴と，得たい画像コントラストによって一概には言い切れないが，高磁場（> 2T）ではサンプルの T_1 値, T_2 値などが分離し，SNR も向上することから，一般的にコントラストがつきやすい傾向にある．いっぽう，高磁場では，化学シフトにより MR 画像がぼやけたり，気泡やその他の静磁場を乱す要因がある場合には，信号の減衰が著しく画像が作りにくい場合がある．

以上より，水と油の含有量を的確に把握し，静磁場強度を含む NMR/MRI 装置を適切に選べば，良好な画質および計測値が得られるであろう．このように，食品は水油含有量が非常に幅広いので注意が必要である．

表 8.1 食品の水油分含有量と支配的な NMR 信号

^1H 含量	食品種別	支配的な信号	装置選択
100%～70%	ジュース類，生鮮野菜，卵	自由な水油	高磁場向
70%～35%	肉魚介類，果実，チーズ，炊飯米	束縛された水油	中間 (0.3～3T)
35% 以下	パン，乾燥穀粒，ビスケット，粉	強い束縛の水油	低磁場向

8.2 NMR/MRI による食品の観察

8.2.4　サケ雌雄判別用 MRI：化学物質の可視化

沖取りされたサケは河川を遡上するものと異なり婚姻色がはっきりとしていないためその雌雄判別は非常に難しい．日本人はイクラ・筋子を好んで食するため，雄サケに比較して雌サケの市場取引価格が 10 倍ほど高くなる．定置網で漁獲されたサケは港に水揚げされるが，その鮮度を保つために 30 分程度で出荷される．雌雄判別は出荷前に港で行われており，その誤認がないように熟練職人の目に頼って 30 秒/尾で判別されているのが現状である．以下に，雌雄判別用 MRI の開発例を紹介する [8]．

図 8.3 の左側にサケ雌雄判別 MRI の全体像を示す．左手側はコンパクト MRI コンソールであり，右手側が 0.2T 永久磁石磁気回路（1.4 トン，25cm ギャップ）である．RF コイルには直径 15cm のソレノイドコイルを用いている．図 8.3 の右側に，MRI 撮像の当日早朝に漁獲された体長 60cm のサケ雌雄を示す．図 8.4 に示すように雌イクラの T_2 値は約 20ms と筋肉や白子に比べて短いため，T_2 強調画像で信号値が低下する．これは MRI によって食品の違

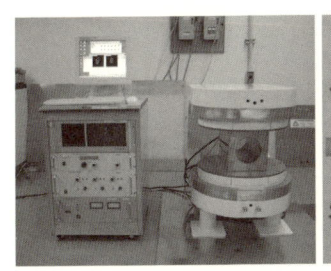

図 8.3　サケ雌雄判別 MRI プロトタイプと沖取りされたサケ雌雄

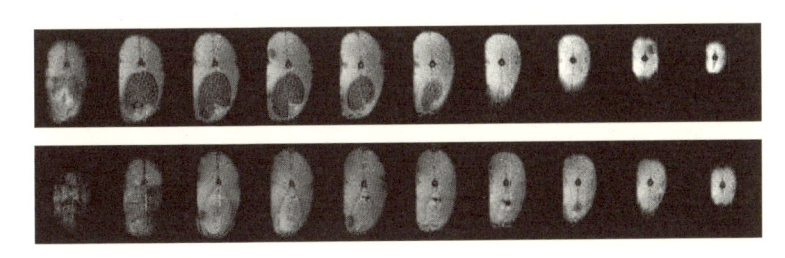

図 8.4　MRI で可視化されたサケ雌雄（TR/TE=30/15ms，画像取得 4 秒/枚）

177

いを明確に分別した秀逸な例である．このような装置に，搬送機構，サーフェイスコイル，および雌雄判別ソフトウェアを組み込んで，現場で使用されることが検討されている [5]．

8.2.5 キュウリの MRI 画像：生物活性の可視化

NMR/MRI の教科書では，スピンエコーの定式に従えば画像コントラストが決まるといわれている [9]．

$$I(x,y) = M(x,y) \times \{1 - 2\exp[-(TR - TE/2)/T_1(x,y)]$$
$$+ \exp[-TR/T_1(x,y)]\} \times \exp[-TE/T_2(x,y)] \quad (8.1)$$

$TR \gg TE$ のときには，よく知られた次式が成り立つ．

$$I(x,y) = M(x,y) \times \{1 - \exp[-(TR)/T_1(x,y)]\}$$
$$\times \exp[-TE/T_2(x,y)] \quad (8.2)$$

$T_1(x,y)$ および $T_2(x,y)$ はサンプルの緩和時間，$M(x,y)$ はプロトン密度であり空間的に分布しており，TR と TE を調節することによりコントラストを操作することが出来る．臨床用 MRI では，TR を 2 秒以上に設定すれば T_2 強調画像が得られるが，水分含量が 70%を超える植物の MRI では，TR = 4000ms でも場合によっては T_1 強調気味の画像となってしまう．食品用 NMR/MRI で水の量と運動性を可視化する場合には，TR を長く TE を適度に短くして，例えば TR/TE = 5000/30ms などで測定することが基本である．

図 8.5 に 7T の高磁場 NMR/MRI で取得されたキュウリの画像を示す．種子の信号は，TR = 5s で TE を延長しても低下せず，いっぽうで TR/TE = 500/10ms の T_1 強調画像では減少する．このことは特に植物の生物活性をよく示しており，このキュウリの内部では T_1，T_2 が共に長い若い種子が，最も活性の高い部位であることがいえる．一般的な撮像法で，植物内部で最も興味がある水分の特性がこのように高コントラストになることは非常に興味深い．

図 8.5 ではもう 1 つ注意すべき点がある．同一の TE でも Hahn エコーと CPMG エコーでは画像コントラストが異なることである．CPMG 法 [10] で核磁化のスピン方位をロックすれば，「見かけの T_2」の減衰過程が異なり信号

8.2 NMR/MRI による食品の観察

が持続する．例えば $TE = 80\text{ms}$ において Hahn エコー画像では既に黒く減衰してしまっているキュウリの辺縁部も，CPMG エコー画像では信号値は明るい．この差異は上記の定式に含まれていない．ここで敢えて「見かけの T_2」という言葉を用いたのは，植物内部では拡散，流動があり，また気泡など局所的な磁場を乱す要因が多数存在しているために，観測されるエコーピークでの T_2 減衰が純粋な T_2 減衰の過程を経ていないためである．これはいわゆる T_2^* 減衰とは異なる．植物の生物活性は，このような信号減衰過程へも写像されており，可視化される．

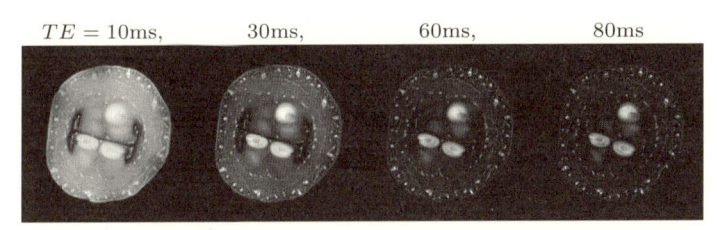

$TE = 10\text{ms}$, 30ms, 60ms, 80ms

(a) Hahn の 2D スピンエコー画像 ($TR = 5.0\text{s}$, T_2W)

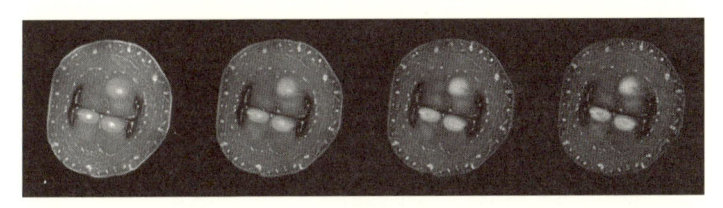

(b) CPMG の 2D スピンエコー画像 ($TR = 5.0\text{s}$, $\tau = 5\text{ms}$, T_2W)

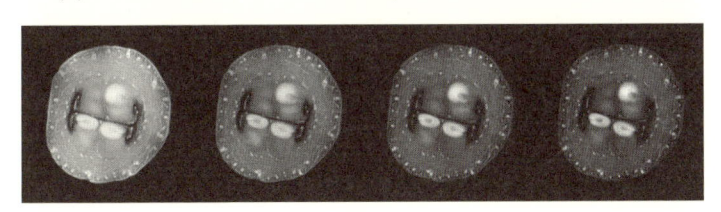

(c) CPMG の 2D スピンエコー画像 ($TR = 0.5\text{s}$, $\tau = 5\text{ms}$, T_1W)

図 8.5　Hahn と CPMG エコーによるキュウリの 2D スピンエコー画像 ($TE = 10, 30, 60, 80\text{ms}$)，静磁場強度 7T，画像マトリクス 256×256，提供：石田信昭博士．

8.3 食品用のNMR/MRIの開発：求められる仕様

NMR/MRIの計測量としては，^{1}Hスペクトルおよび分布，多核スペクトルおよび分布，緩和時間，流動現象，拡散係数，マイクロスコピー，温度分布などが有名であるが，これらにより対象物を一，二もしくは三次元的に経時追跡でき，これらは，食品研究にとっても非常に面白いツールであることが示されている[1]．さらに，基礎系の研究者や臨床系の医師らが開発したほとんどすべてのNMR/MRI計測手法が食品研究に対して応用可能と考えることができる．

しかし，これらの機能をすべて同一の装置で実現することは不可能であり，また個々の計測対象へは不必要である場合も少なくないため，食品用NMR/MRIの普及を前提に必要とされる特性をよく考えると，装置の仕様決定は慎重かつ大胆に行わなくてはならない（表8.2）．ここまでの研究に用いられてきた装置仕様から重要なものを選択し，実用機にとって必要と思われるものをまとめたものを表8.3に示す．追加機能は表8.4に示すように，NMR/MRIが本来可能とする測定手法に加えて，測定対象に切断・撹拌・温度調整などといった変化を加えながら計測が出来る「会話型」というものである[11]．

食品用NMR/MRIでは当然ではあるが，①食品研究者が必要としている対象が見える，②簡単に使える（測定対象が明確になっている），③導入コストを

表8.2 食品用高磁場NMR/MRIとコンパクトNMR/MRIの仕様比較

	高磁場NMR/MRI	コンパクトNMR/MRI
静磁場磁石 ・磁場強度 ・勾配磁場 ・設置面積	超伝導磁石 ・3T〜12T ・1T/m ・1.5m^2	永久磁石磁気回路 ・0.2T〜2T ・0.1T/m ・0.5m^2
分光器 ・ソフトウェア ・設置面積	ワークステーション ・専用プログラム ・1.5m^2	パソコン ・自作プログラム ・1.0m^2
その他	超大型（20m^2） 高価（2億円） 移動不可能（超伝導磁石） 要熟練 低温寒剤	小型化（1/10，2m^2） 安価（1/20分，1,000万円） 移動可（永久磁石〜1000kg） オート計測（技術者不要） 寒剤不要（低コスト）

表 8.3 食品用高磁場 NMR/MRI とコンパクト NMR/MRI の機能比較

食品用 NMR/MRI	高磁場 NMR/MRI	コンパクト NMR/MRI
両者に必要な機能	2D, 3D イメージ 緩和時間イメージ 拡散イメージ 水油スペクトル	2D, 3D イメージ 緩和時間イメージ 拡散イメージ 水油スペクトル
特徴的機能	多核イメージ 高分解能スペクトル	会話型 試料操作

表 8.4 計測中に試料操作ができる NMR/MRI

食品分野に要求される計測	NMR/MRI ではどのように実現するか
試料の回転	見る位置を自由に変える(機械的,電気的)
歯ざわり	破壊の様子を高速イメージで追跡する
加熱,冷凍特性	加熱,凍結による経時変化を追跡する
応力,破壊物性	試料を変形させて性質を調べる
レオロジー,混合の状態	撹拌による動きを追跡する

回収できる,という特性を備えていなくてはならない.

8.4 食品用 NMR/MRI プロトタイプ開発

8.4.1 フィージビリティスタディ (FS) による基本装置の選定

最終的な食品用 NMR/MRI 装置の具体像をより明確化するために,FS が行われた [12]. FS では,ここまでに述べたように,高磁場 NMR/MRI を用いた食品研究においては,固形組織構造の内部形態の差異を異なった計測方法によりコントラスト化し,水と油の区別,および生体の代謝と密接な関係をもつ自由水の量と運動性の可視化がなされていたことが再確認された.

プロトタイプの構成として,NMR/MRI コンソールを本書で既に扱っている Windows を基本としたコンパクト型 [13] とし,静磁場用磁気回路にメンテナンス不要で移動可能な永久磁石 [14] を使用することが決定された [15].

また食品用 NMR/MRI 装置の具体的な開発の方針が,①プロトタイプの性能向上,②プロトタイプによる食品データの蓄積の 2 つに絞られた. ①の方針

は，高磁場 NMR/MRI の研究成果をコンパクト NMR/MRI でも実現するといういわゆる実機開発の挑戦であり，②の方針は，臨床用 MRI が採用してきた帰納的な実用化への道程である．

8.4.2 簡単に使える NMR/MRI 装置とは

臨床用 MRI では，人体を見るために装置が最適化され 20 年以上の歴史もありインターフェイスも洗練されている．さらに，放射線技師という国家資格取得者が装置操作をサポートしてくれるため，臨床現場での装置使用に関してはまったくハードルはないといえるであろう．

食品分野の研究者にとって MRI 理論は非常に煩雑であり，使うとしても NMR までという研究者がほとんどである．この状況を打破するためには，NMR と MRI を切り離すことなく同時に改善していかなくてはならない．これは高分解能 NMR/MRI をダウンサイジングする作業である．さらに，研究者が使い慣れた研究環境に無理なく導入できる必要があり，具体的には Windows や Linux を基本ソフトとして動作する環境を構築することである．つまり研究開発のゴールは，食品検査・評価用のインタラクティブ（会話型）操作ができる，フルオート測定・解析型コンパクト MRI を開発することである．

8.4.3 導入コストを回収できる NMR/MRI

医学研究用 MRI の場合を除いて，医療機器の認可を受けている臨床用 MRI は，現場に設置される場合には導入・運用・廃棄コストのすべてを勘案して購入の決定がなされる．食品用 NMR/MRI の幅広い普及を考えるときに，臨床用 MRI の現状は，参考にできることが非常に多い．

表 8.5 に現在の食品用 NMR/MRI と臨床用 MRI に関する状況をまとめた．食品用 NMR/MRI は研究用にとどまっており，普及台数はその分類の仕方にもよるが 10 台程度である．いっぽう，臨床現場で用いられている医学用 MRI は国内で約 5000 台の運用が行われている．医学用 MRI が，我が国の国民皆保険制度にサポートされた医療システムに完全に組み込まれて普及していることを考えると，食品用 NMR/MRI の普及させるためにはその有益性を政府もしくはその他の公的機関に認知されるように研究開発を進めていくのが最も確実な行程であろう．

8.4 食品用 NMR/MRI プロトタイプ開発

表 8.5 我が国の臨床用 MRI と食品研究用 NMR/MRI の運用形式比較

日本国内	医学用 MRI (臨床用)	食品用 NMR/MRI (研究用)
普及台数	約 5000 台	〜10 台
測定対象	人体:主に頭部,腹部,関節	野菜,果物,加工品,肉魚,他
稼動状況	最大 30 人/日/台	不明
操作性	放射線技師のサポートあり	装置ごとの特徴が強く比較困難
コスト回収	医療保険点数で回収	研究用のためほぼ不可能
可搬性	トレーラー車載運用例あり	前例なし

8.4.4 永久磁石磁気回路を用いた食品用 NMR/MRI

永久磁石磁気回路はこれまで食品研究で用いてきた高磁場超伝導磁石に比べると静磁場の強度と均一性が低い.磁場強度については,コンパクトで取り扱いが容易な永久磁石でイメージングに使用可能な 60mm の開口径をもつものとして,現在製造可能な最高磁場強度である 1T (後に 2T) が適当である.また,りんごやみかん等も撮像できるように 170mm の開口をもつ 0.2T のものも並行して採用された.

食品の品質と関係の深い自由な水・油の量と運動性を測定するためには,NMR スペクトルが非常に有効である.このためには磁場の均一性が特に重要であることから,磁場均一性を上げるための永久磁石のチューニングが行われた.さらに高次のシムコイル開発を行い水スペクトルの変化が計測された [16].

8.4.5 食品用コンパクト NMR/MRI プロトタイプ

図 8.6 に開発された食品用コンパクト NMR/MRI を示す.図左下が 1T 永久磁石磁気回路(ギャップ 60mm,水平垂直両開口,12ppm,30mm 球内)であり,図右が分光器である.NMR/MRI コンソール (AC100V, 1500W) は移動を前提として音響機器用ラックケースに収納されている.磁気回路は,図左では静磁場強度 1T,重量 300kg,均一領域 12ppm,30mm 球であり,図中では静磁場強度 0.2T,重量 500kg,均一領域 50ppm,130mm 球である.このように磁気回路をサンプルごとに選ぶことにより,NMR/MRI 装置の能力を最大限に発揮できる.

また,1T 用の RF コイルは 7 巻きの分割ソレノイドであり 43MHz に同調

第 8 章 食品用 NMR/MRI

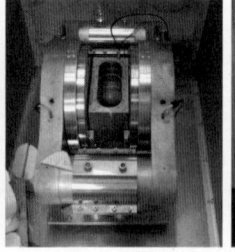

図 8.6 食品用 NMR/MRI プロトタイプ（左:1T，中:0.2T）と RF コイル（右:1T 用）

したときの Q 値はサンプルロード時でも 250 以上である．分割ソレノイドは，撮像試料の違いに対して SNR を安定させるために並列 LC 共振回路のコンデンサをコイルに対して分散させ浮遊容量を低減させる方法 [17,18] であり，サンプルの違いに対するチューニングのズレが改善できる．

8.4.6 永久磁石磁気回路のための高次シムコイル開発

永久磁石磁気回路（1T，60mm ギャップ）は，グランドシミングによって 12ppm（30mm 球内）均一度が達成されている．しかしながら，NMR スペクトルにより例えば水と油を分離するためには，磁場均一性は概算で 1ppm/FOV が必要になってくる．そこで，高次のシムコイル開発 (Z^0, Z^2, Z^3, X^2, Y^2, X^2-Y^2) を行い磁気回路のポールピース内面に取り付けた．図 8.7 に示すよう

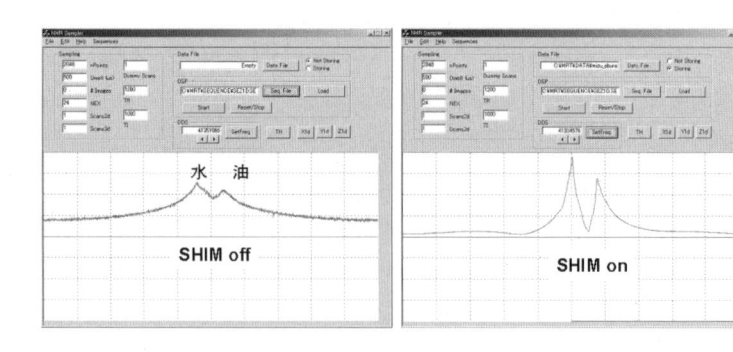

図 8.7 シムコイルの駆動による水と油のスペクトル分離 (2.5ppm/DIV)

に，水とサラダ油の NMR スペクトルを観測しながらシムコイルを駆動して電流シミングを行うことにより，磁場均一度を約 0.5ppm（30mm 球内）に高めることができた [19]．図左では水油のスペクトルは分離していないが，シムコイルに適切な電流を印加することにより，図右では水油は明確に分離している．

8.5 従来の NMR/MRI 装置で撮像された画像との比較

コンパクト NMR/MRI に用いる永久磁石は，これまで食品研究用に主に用いられてきた超伝導磁石に比べ磁場強度が最小 1/7 以下に低くなっている．これに伴う画像コントラストと緩和時間変化については，生体試料についてスピン・格子緩和時間 (T_1) は短くなるが，スピン・スピン緩和時間 (T_2) は変化がないといわれている．また運動性の高い自由水（油）領域においては T_1 値，T_2 値ともに磁場依存性がないとされているが，系統だった研究は行われていなかった．そこで静磁場の違いによる画像コントラストと緩和時間の検討を行った．またコンパクト NMR/MRI を食品分野で利用するための技術とデータの蓄積を行った．

8.5.1 コンパクト NMR/MRI で撮像されたチェリートマト

チェリートマトは一年を通して国内でどこでも購入することが可能であり，NMR/MRI の標準資料として非常に扱いやすい．ところが実際に様々な MRI 装置を用いて撮像してみると，画像コントラストの多様さに驚き，そして困惑する．図 8.8 は様々な NMR/MRI 装置で静磁場強度を変えて撮像を行ったミニトマトであり，撮像は二次元もしくは三次元スピンエコー法，TR = 4000ms もしくは 5000ms，TE = 30ms から 100ms までの臨床用 MRI でいう T_2 強調で取得されている．永久磁石磁気回路を用いたコンパクト NMR/MRI で取得された画像は (a)〜(c) である．このように広い静磁場範囲で撮像を行った例はまれである．

8.5.2 静磁場によるチェリートマトのコントラスト変化

これらの MR 画像の大きな特徴としては，チェリートマトの中心部と辺縁

第 8 章 食品用 NMR/MRI

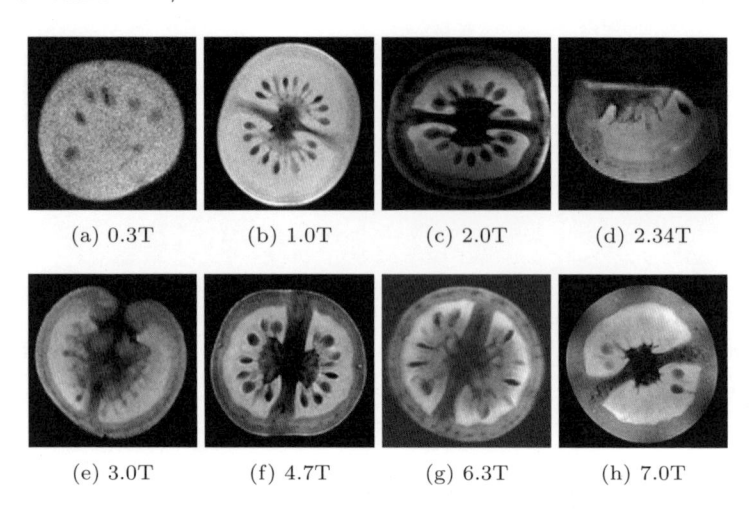

(a) 0.3T　　(b) 1.0T　　(c) 2.0T　　(d) 2.34T

(e) 3.0T　　(f) 4.7T　　(g) 6.3T　　(h) 7.0T

図 8.8　磁場強度によるミニトマトのコントラスト変化（それぞれ別個体）

部の画像コントラストが 1.0T を超える領域で明確になってくることであろう．0.3T では TE > 100ms の設定値でも T_2 減衰によるコントラストがほとんど現れず，どのようにしてもプロトン密度強調画像になってしまう．いっぽうで，7.0T の高磁場ではチェリートマトの辺縁部の信号低下が TE = 30ms でも著しい．これらの考察から図 8.5 のキュウリで例示したようにチェリートマトは，7.0T では 0.3T や 1.0T とは別の緩和過程を経ていることがうかがえる．このコントラストは水の運動性と深く関与しており，静磁場強度と局所的な不均一性が画像コントラストを支配するという非常に面白い結果を導いている．

Van As らは $T_{2(obs)}$ を観測される T_2 値とすると，局所的な不均一性，拡散，および流動が起因する項を T_2'，画素サイズを小さくした時に起因する項を T_2'' であるとして信号の減衰を定式化している [20]．

$$\frac{1}{T_{2(obs)}} = \frac{1}{T_2} + \frac{1}{T_2'} + \frac{1}{T_2''} \tag{8.3}$$

さらに T_2' は定式化可能で，γ を磁気回転比とすると，次のように表される．

$$\frac{1}{T_2'} \propto \gamma^2 G_{(B0)}^2 (TE)^2 D \tag{8.4}$$

これは，拡散による NMR 信号減衰の項である．ユニークなのは，局所的な勾

配磁場 $G_{(B0)}$ が静磁場強度の関数，また勾配磁場の印加時間がエコータイム TE として表せる点である．この式から，$G_{(B0)}$ や TE の増大は，局所的に磁場不均一性，拡散，および流動がある部分の T_2' の短縮を意味する．図 8.5 および図 8.8 は納得のいくものである．

8.5.3　コンパクト NMR/MRI で撮像された肉類

開発を行ったプロトタイプの NMR/MRI 装置を用いて，これまでの研究で性質のよくわかっている動物性食品である粗挽きソーセージの撮像を行い，高磁場型 MRI 装置の測定結果と比較した．図 8.9 の (a) が 1T，(b) が 6.3T で取得された 3D-MR 画像の断層画像である．(b) は明瞭に油部分を高コントラスト化して抜き出しているが，いっぽう (a) では化学シフトの影響によりコントラストが得られない．続いて (c)～(f) はコンパクト NMR/MRI で測定したソーセージ（サラミおよび魚肉）およびマグロの画像である．いずれも三次元撮像を行いその中から切り出した二次元断層画像ある．(b)，(c) のソーセージの画像で白く見える脂肪は (b) の粗挽きソーセージでは大きなかたまり，(c) のサラミではまばらに分布し，(d) 魚肉ソーセージでは非常に細かく均一になっ

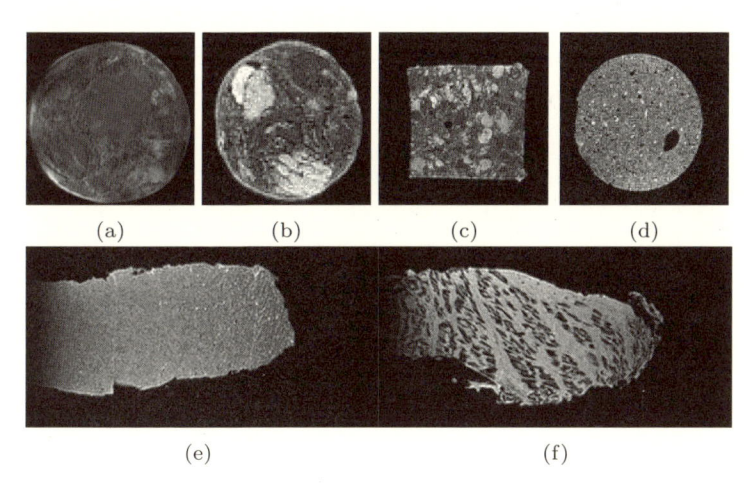

図 8.9　粗挽きソーセージの MR 画像
6.7T(a) と 1T(b) とのコントラスト比較 (FOV: 20mm × 20mm)．水と油の区別では 1T が有利．1T のサラミソーセージ (c)，魚肉ソーセージ (d)，マグロの赤身 (e) と中トロ (f)．

第 8 章　食品用 NMR/MRI

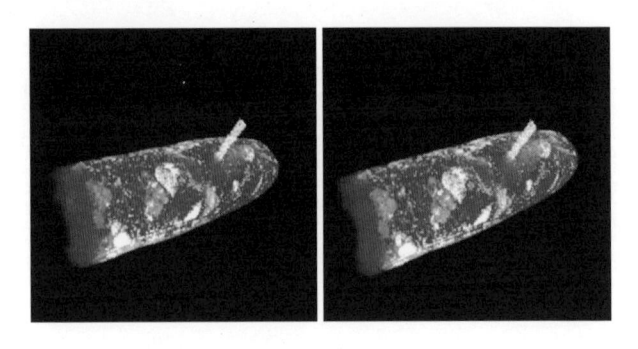

図 8.10　粗挽きソーセージのボリュームレンダリング画像

ていることがわかる．(e) はマグロの赤身で，(f) はトロの画像である．トロでは白く見える脂肪がきめ細かく筋状に入っているが，赤身ではほとんど脂肪が見られない．また，空洞画像上の黒く抜けている点でわかるため，品質管理への応用が期待できる．

　また，図 8.9 のように，水と油のような明確なコントラスト差が生じる場合は，3D レンダリング法がまた違った情報を引き出してくれる．図 8.10 は，粗挽きソーセージの 3D-MR データをボリュームレンダリング法 [21] で可視化したものであるが，断層画像だけでは認識しにくい脂肪分の前後関係を明確に描出している．

8.6　永久磁石磁気回路による食品用 NMR/MRI への挑戦

　いくつものキーワードを頼りに，食品用 NMR/MRI の研究開発を行い，今回またその内容を述べた．信号の検出感度が，水分および油分の含有量，そして静磁場強度に著しく依存することが示されたと思われる．永久磁石磁気回路を用いた食品用 NMR/MRI システムの開発はまだ始まったばかりであるが，この後の装置の発展形を表 8.6 にまとめた．これらは，まだ食品用には特化されていないが，保有する潜在能力から考えて十分に食品用 NMR/MRI として利用することができるであろう．これらを実用化していく挑戦は既に始まっている．

8.6 永久磁石磁気回路による食品用 NMR/MRI への挑戦

表 8.6　将来の食品用 NMR/MRI は研究用と現場用の 2 本立てが現実的

主な用途	研究用	研究用＋全数検査用
静磁場強度	2.0T（もしくは 1.5T）	0.12T
撮像試料の大きさ	約 3cm 球	約 10cm 球
空間分解能	100μm	1mm
形態／化学物質／水の運動性	○／△／△	○／△／×
装置重量	1000kg	200kg
設置場所	室内	車載可能
低温寒剤・メンテナンス	不要	不要

図 8.11 は現在，研究開発が進められている 2T 永久磁石磁気回路（上下左右両開口，ギャップ 6cm，均一度 1.0ppm，30mm 球）と，それを用いて撮像されたチェリートマトの画像である．図 8.8(c) も同一の磁気回路で取得されている．ポイントは 2 つあり，高磁場で取得されたものに近い画像コントラストが得られる点と，検出コイルにソレノイドが使える点である．前者の水と油の運動性を可視化することは，8.5.1 節でも議論したが，食品用 NMR/MRI に課せられた命題でもあるので，これが 2T 永久磁石磁気回路で実現できる意義は大きい．2T は鉄の飽和磁化の限界点付近であり，今後の数年間は，NMR/MRI 用の磁石としてはこれが世界最高の磁場強度をもつものとなるであろう．後者の NMR/MRI における SNR であるが，ソレノイドコイルが鞍型コイルの $2\sqrt{2}$ 倍良好である [22] ことを考えれば，2T＋ソレノイドコイルの組み合わせでは，4.7T＋鞍型コイルの SNR を凌駕する．食品用 NMR/MRI が手近になった瞬間である．

図 8.12 は同様に，現在，研究開発が進められている持ち運びがさらに容易な 0.12T 永久磁石磁気回路（C 型，150kg，ギャップ 17cm，均一度 50ppm，10cm 球）と，それを用いて撮像されたハッサクの画像である．この NMR/MRI システムのユニークなところは，2 人で楽に移動できるだけでなく磁気回路の方向を縦や横に変えて自由に設置できるところである．これはベルトコンベアなどの搬送機構に組み込んで野菜，果物，および肉魚類など食品を全数検査するための，最も有力な MRI 装置であろう．使用されている磁性材料も安価なため，導入コストの面でもハードルは低い．

第 8 章 食品用 NMR/MRI

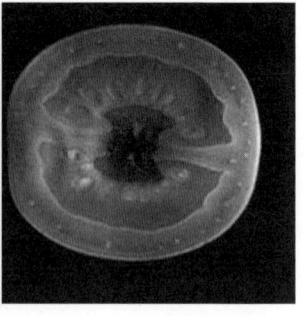

図 8.11 2T 永久磁石磁気回路（ギャップ 60mm，重量約 1000kg，設置面積 1m²）と，チェリートマトの 3D スピンエコー画像（撮像視野 25.6mm × 25.6mm，TR/TE=100/10ms，1mm 厚）

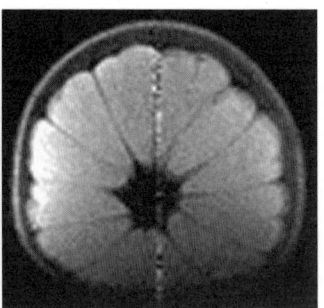

図 8.12 0.12T 永久磁石磁気回路（ギャップ 60mm，重量約 150kg）とハッサクの 2D スピンエコー画像（撮像視野 96mm×96mm，TR/TE=2000/96ms）

8.7 まとめ

「美味しいものの形は洗練されており数 100 ミクロンほどの構造がある．これを噛み潰すときに味に変わる」という言葉に，食品が NMR/MRI の守備範囲であることを知らされる．食品の内部情報（安全性，機能性，テクスチャ）の可視化を，非破壊でかつ安全にできれば全数検査をしたいという要求は計り知れない．しかし，これまでの装置開発のアプローチでは，NMR/MRI 装置

は食品用計測装置として量産機になることは皆無であった．

食品用 NMR/MRI は，そもそも溶液用の高分解能 NMR から進化を遂げてきた．いっぽうで，今回の研究開発のベースとなった装置は臨床用 MRI の設計思想で構築されてきていた．研究開発にあたって，双方の装置ごとに異なる画像コントラストは，植物細胞と動物細胞の緩和機構の差異，静磁場強度，および撮像シーケンスの微妙な違いもあって，目指すべき装置の理想像がまったく見えない状況が半年以上も続いたが，2T 永久磁石磁気回路の登場によりわずかながら進路は見えてきている．

ゴールはいわば装置設計の統合であり，現時点で緩和機構の新たな理論が必要とされている．静磁場強度および均一度，T_1，T_2，T_2^*，拡散，流動，アクジションウィンドウなどを考慮して，例えばチェリートマトのコントラスト遷移を考えながら，緩和およびコントラスト生成モデルを構築していくことにより，解決の糸口はつかめるだろう．他方，流動特性を利用した食品評価法の開発，高速イメージングを利用した食品評価法の開発を考えている．また，最終的には，食品ごとのフルオート測定プログラムを選択することにより，オペレーターの負担を軽減することも必須の課題である．

引用文献

[1]　Hills B. Magnetic Resonance Imaging in Food Science 1998; Jon Wiley & Sons, ISBN 0-471-17087-9.

[2]　株式会社エムアールテクノロジー，食品総合研究所，筑波大学，農林水産先端技術産業振興センター．平成 15 年度農林水産省民間結集型アグリビジネス創出技術開発事業．

[3]　Saito K et al. Cryogenics 1996; 36:1027–1031.

[4]　Kojima T et al. Change in the status of water in Japanese noodles during and after boiling observed by NMR micro imaging. J Food Sci 2001; 66:1351–1365.

[5]　斉藤　一功ほか．魚の雌雄判別装置および判別方法．特願10-176381，出願日:1998 年 6 月 23 日

[6]　Clark K et al. Observation of watercore dissipation in 'Braeburn'

第 8 章 食品用 NMR/MRI

Apple by magnetic resonance imaging. New Zealand Journal of Crop and Horrticultural Science 1999; 27:47–52.

[7] Balcom BJ et al. J Magn Reson 1998; 135:194.

[8] 秋田裕介. 産業用 MRI の開発. 筑波大学理工学研究科修士論文 2001 年 3 月.

[9] Callaghan PT. Principles of nuclear magnetic resonance microscopy 1991; Oxford university Press.

[10] Meiboom S. Gill D. Modified spin-echo method for measuring nuclear relaxation times. Rev. Modern Phys 1954; 26:167.

[11] 小川邦康ほか. バブリング撹拌法によるクラストレート水和物生成過程の MRI 計測装置の開発. 第 7 回 NMR マイクロイメージング研究会講演要旨集 2002; 42.

[12] 狩野広美ほか. 食品研究とコンパクト MRI. 第 8 回 NMR マイクロイメージング研究会講演要旨集 2003; 11.

[13] Haishi T, Uematsu T, Matsuda Y, Kose K. Development of a 1.0 T MR microscope using a Nd-Fe-B permanent magnet. Magn Reson Imag 2001; 19:875–880.

[14] Miyamoto T et al. A development of a permanent magnet assembly for MRI devices using NdFeB material. IEEE Transactions on Magnetics 1989; 25(5):3907–3909.

[15] 食品研究とコンパクト MRI (コンパクト MRI を用いた撮像例集, フィジビリティスタディ報告書). 配布元；http://www.mrtechnology.co.jp.

[16] Anderson WA. Electrical current shims for correcting magnetic fields. Rev Sci Instrum 1961; 32:241–250.

[17] Lowe et al. A large-inductance, high-frequency, high-Q series-tuned coil for NMR. J Magn Reson 1982; 49:346–349.

[18] Murphy-Boesch J. An in vivo NMR probe circuit for improved sensitivity. J Magn Reson 1983; 64:526–532.

[19] 半田晋也. 筑波大学工学基礎学類 平成 15 年度卒業論文 2004.

[20] As HV et al. Quantitative T2 imaging of plant tissue by means of

multi-echo MRI microscopy. Magn Reson Imag 1998; 16:185–196.

[21] Ishida N, Takano H, Naito S, Isobe S, Uemura K, Haishi T, Kose K, Koizumi M, Kano H. Architecture of baked breads depicted by a magnetic resonance imaging. Magn Reson Imag 2001; 19:867–874.

[22] Houllt DI, Richards RE. The signal to noise ratio of the nuclear magnetic resonance. J Magn Reson 1976; 24:71–85.

索 引

アルファベット

ADC, 70

CPMG 法, 74

3D 画像, 175
DDS, 70

FLASH 法, 119

Golay コイル, 51

ISA バス, 33

Maxwell コイル, 48
Microdensitometry 法, 129
MRI, 1
MRI トランシーバー, 32
MRMICS, 4
MR マイクロスコピー, 1
MR マイクロスコープ, 7

NMR ロック, 108, 158
non-clinical MRI, 1
non-medical MRI, 1

RF 検出コイル, 70

SPI, 176

T_1, T_2 緩和時定数, 61
T_1 強調画像, 118, 119, 123, 126, 178

T_2 強調画像, 118, 123, 126, 178

X 線二重エネルギー吸収計測法, 129

五十音

アクティブシム, 17
アナログ―ディジタル変換, 33

移流, 61
インダクタンス, 20, 43

永久磁石材料, 13
永久磁石磁気回路, 4, 14, 189

音速, 145

海綿骨骨髄体積率, 131, 148
海綿骨体積率, 131, 148
ガス貯蔵密度, 65
可変コンデンサ, 70

クラスレート水和物, 64

健常若年者の平均値, 148

高磁場 MRI, 176
高周波送信機, 32
広帯域超音波減衰, 145
勾配磁場均一領域, 21
勾配磁場コイル, 110
勾配磁場スイッチング時間, 21
勾配磁場電源, 32

194

索 引

勾配磁場発生効率, 21, 43
高分解能 MRI 法, 131
骨粗鬆症, 129
　——の診断, 148
コンパクト MRI, 2, 162
コンパクト MRI コンソール, 3, 32, 106, 132, 177

撮像視野, 111

磁化率法, 131
磁気回路, 14
磁気的サブシステム, 2, 11
自己拡散係数, 96
磁石, 14
シミング, 17
シムコイル, 184
踵骨, 132
小信号ユニット, 3, 32
シールドルーム, 132
信号積算回数, 117
信号対雑音比, 103

水和物塊, 65
スピン・格子緩和時間, 185
スピン・スピン緩和時間, 185

静磁場ポテンシャル, 21

造影効果, 123
相関係数, 145
ソレノイドコイル, 70

ダイレクトディジタルシンセサイザ, 33
ターゲットフィールド, 20
縦磁場型勾配コイル, 47

着磁, 19
超並列型 MRI, 43, 45
直流抵抗, 20
直交位相敏感検波器, 37

ディジタルシグナルプロセッサ, 33
ディジタル制御系, 32
低磁場 MRI, 176
低分解能 MRI 法, 131
定量的超音波法, 129
電気的サブシステム, 2, 11
天然ガス, 64
電力ユニット, 2

流れ関数, 27

ネオジム系（焼結）永久磁石, 13, 18
ネットワークアナライザ, 71

濃度, 61

パッシブシム, 17
パルスシーケンス, 70

ファントム, 110
物質移動, 61
部分体積効果, 131
フリップ角, 119
プロセス, 61
プロセス計測, 61
プロトン密度強調画像, 186
フロリナート, 69
分子拡散, 61

平行 4 線コイル, 48
並列型, 42
変動係数, 143

放物線飛行, 87
ポータブル MRI, 3
ポータブル MRI コンソール, 3
ポールピース, 14, 16, 21

マウス, 103
末梢骨定量的 X 線 CT 法, 129
マルチスライスシーケンス, 80

195

索　引

密度, 61
密度強調画像, 118, 123

モーションアーチファクト, 120

ヨークレス型磁気回路, 107

横磁場型勾配コイル, 47

ラット, 103

流動パターン, 85
リング型磁気回路, 14

コンパクトMRI

編著者紹介

巨瀬 勝美 (こせ かつみ)

1981年	東京大学大学院理学系研究科博士課程物理学専攻修了
現　在	筑波大学大学院数理物質科学研究科・教授・理博
専　門	物理計測
著　書	「基礎から学ぶMRI」(日本磁気共鳴医学会教育委員会編),「NMRイメージング」(共立出版) など

NDC431,492.1,492.4,492.8　　　　　　　　　　　検印廃止 ©2004

2004年11月15日　初版1刷発行

編著者	巨瀬勝美
発行者	南條光章
発行所	共立出版株式会社
[URL]	http://www.kyoritsu-pub.co.jp/

〒112-8700 東京都文京区小日向4-6-19　電　話　03-3947-2511 (代表)
　　FAX　03-3947-2539 (販売)　　　　FAX　03-3944-8182 (編集)
　　振替口座　00110-2-57375

印刷・製本　加藤文明社　　　　　　　　　　　　　Printed in Japan

ISBN4-320-04374-X

社団法人
自然科学書協会
会員

―*生命(いのち)の謎に迫る物理学*―

シリーズ ニューバイオフィジックス

日本生物物理学会／シリーズ・ニューバイオフィジックス刊行委員会 編

第Ⅰ期：全11巻／第Ⅱ期：全10巻

第Ⅰ期
【各巻】A5判・182～280頁・上製・2色刷
★全巻完結

①タンパク質のかたちと物性
担当編集委員：中村春木・有坂文雄　生命現象を規定するタンパク質のかたちと物性／タンパク質のかたちの多様性と類似性／他‥‥‥‥‥定価3990円(税込)

②遺伝子の構造生物学
担当編集委員：嶋本伸雄・郷　通子　構造から機能へ／遺伝子のふるまい／遺伝子発現のダイナミズム／核酸とタンパク質の相互作用‥‥‥‥定価3780円(税込)

③構造生物学とその解析法
担当編集委員：京極好正・月原冨武　構造生物学とそれを支える解析法／X線結晶解析法／電子顕微鏡法／中性子溶液散乱法／他‥‥‥‥‥定価3570円(税込)

④生体分子モーターの仕組み
担当編集委員：石渡信一　分子モーター研究の新展開／多様な生体機能を担う分子モーター／分子モーターの構造を解く／他‥‥‥‥‥‥‥定価3780円(税込)

⑤イオンチャネル　電気信号をつくる分子
担当編集委員：曽我部正博　イオンチャネルとは／イオンチャネルの研究法／イオンチャネルの生物物理学／イオンチャネルの生理学‥‥‥‥定価3990円(税込)

⑥生物のスーパーセンサー
担当編集委員：津田基之　生物のスーパーセンサーの新展開／感覚のセンサー／体の中のセンサー／生物の多様なセンサー／他‥‥‥‥‥‥定価3570円(税込)

⑦バイオイメージング
担当編集委員：曽我部正博・臼倉治郎　バイオイメージングの基礎／光学顕微鏡／電子顕微鏡／変わり種顕微鏡／脳とシステムを見る／他‥‥定価4620円(税込)

⑧脳・神経システムの数理モデル　視覚系を中心に
担当編集委員：臼井支朗　数理モデルにより脳・神経系を理解する／細胞電気信号の発生機構／シナプス伝達／細胞膜のイオン電流モデル／他‥定価3570円(税込)

⑨脳と心のバイオフィジックス
担当編集委員：松本修文　脳と心の解明を目指して／脳と心の哲学論争と現代脳科学／心の進化／心の物理像／心をもつ機械／他‥‥‥‥‥定価3990円(税込)

⑩数理生態学
担当編集委員：巌佐　庸　数理生態学への招待／ダイナミックスと共存／進化／適応戦略とゲーム／エコシステム学‥‥‥‥‥‥‥‥‥‥‥定価3570円(税込)

⑪ヒューマンゲノム計画
担当編集委員：金久　實　ヒューマンゲノム計画とニューバイオフィジックス／ゲノム解析による疾病遺伝子の探索／他‥‥‥‥‥‥‥‥‥‥定価3570円(税込)

第Ⅱ期
【各巻】A5判・188～248頁・上製・2色刷
★全巻完結

①電子と生命　新しいバイオエナジェティックスの展開
担当編集委員：垣谷俊昭・三室　守　電子と生命／光エネルギーをとらえ反応の場所に運ぶ／電子の方向性のある移動／他‥‥‥‥‥‥‥‥定価3780円(税込)

②水と生命　熱力学から生理学へ
担当編集委員：永山國昭　水から始まる生理機能の熱力学／水和エネルギー／生体分子と溶媒和／閑話休題「おいしい水、おいしい酒」／水と生理‥定価3780円(税込)

③ポンプとトランスポーター
担当編集委員：平田　肇・茂木立乐　イオンポンプ・トランスポーター(エネルギー変換の舞台)／他／イオンポンプ／トランスポーター／他‥定価3990円(税込)

④生体膜のダイナミクス
担当編集委員：八田一郎・村田昌之　生体膜のヘテロ構造と膜中および膜上における動的相互作用／脂質膜の物性／他‥‥‥‥‥‥‥‥‥‥定価3990円(税込)

⑤細胞のかたちと運動
担当編集委員：宝谷紘一・神谷　律　細胞のかたちと動きを司る線維・細胞骨格／細胞を構築する基本素子のふるまい／他‥‥‥‥‥‥‥‥定価3780円(税込)

⑥生物の形づくりの数理と物理
担当編集委員：本多久夫　袋で行われる自己構築／自己構築の基盤／袋の表面で起こること／袋に包まれたもの／袋を越えて‥‥‥‥‥‥‥定価3990円(税込)

⑦複雑系のバイオフィジックス
担当編集委員：金子邦彦　複雑系としての生命システムの論理を求めて／発生過程のミクロ－マクロ関係性／細胞分化の動的モデル／他‥‥定価3990円(税込)

⑧生命の起源と進化の物理学
担当編集委員：伏見　譲　生態高分子の「進化能」の物理／分子機能の起源／情報の物理的起源／分子機能・情報の効率的な獲得‥‥‥‥‥定価3990円(税込)

⑨生体ナノマシンの分子設計
担当編集委員：城所俊一　生体ナノマシンとは何か／生体ナノマシン分子設計の戦略／生体ナノマシン設計の最前線‥‥‥‥‥‥‥‥‥‥定価3990円(税込)

⑩生物物理学とはなにか　未解決問題への挑戦
担当編集委員：曽我部正博・郷　信広　序章／生物物理がめざすもの／生物物理学を支えるもの／生物物理学と私‥‥‥‥‥‥‥‥‥‥‥定価3990円(税込)

共立出版
http://www.kyoritsu-pub.co.jp/